"十四五"职业教育国家规划教材

（第四版）

电路 基础与实践

- ◎ 多年打磨，精品教材
- ◎ 体系清晰，内容精练
- ◎ 讲透理论，重在应用
- ◎ 强化能力，提升素养

◎ 荆 珂 段 波 / 主 编

李 芳 姜竹楠 张孟杰 / 副主编

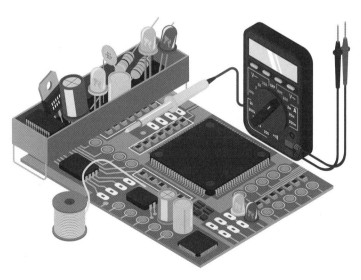

微课版

大连理工大学出版社

图书在版编目(CIP)数据

电路基础与实践 / 荆珂，段波主编. -- 4 版. -- 大
连 : 大连理工大学出版社，2022.12(2024.8重印)
ISBN 978-7-5685-3882-4

Ⅰ. ①电… Ⅱ. ①荆… ②段… Ⅲ. ①电路理论－高
等职业教育－教材 Ⅳ. ①TM13

中国版本图书馆 CIP 数据核字(2022)第 136239 号

大连理工大学出版社出版
地址:大连市软件园路 80 号　邮政编码:116023
发行:0411-84708842　邮购:0411-84708943　传真:0411-84701466
E-mail:dutp@dutp.cn　　URL:https://www.dutp.cn
大连图腾彩色印刷有限公司印刷　　大连理工大学出版社发行

幅面尺寸:185mm×260mm　　印张:12.5　　字数:300 千字
2010 年 11 月第 1 版　　　　　　2022 年 12 月第 4 版
2024 年 8 月第 4 次印刷

责任编辑:唐　爽　　　　　　　　责任校对:陈星源
封面设计:张　莹

ISBN 978-7-5685-3882-4　　　　　　定　价:41.80 元

前　言

《电路基础与实践》(第四版)是"十四五"职业教育国家规划教材、"十三五"职业教育国家规划教材。

电路基础与实践是电气自动化技术专业的基础课程。本教材紧扣高等职业教育办学新理念,结合高职教学的基本要求,采用基于工作过程的项目教学法,通过实施不同的项目来进行教学活动,其目的是在课堂教学中将理论与实践有机地结合起来,充分发掘学生的创造潜能,提高学生解决实际问题的综合能力。基于工作过程的项目教学法与传统的教学法相比有很大的区别,主要表现在改变了传统的"三个中心",即由以教师为中心转变为以学生为中心,由以课本为中心转变为以项目为中心,由以课堂为中心转变为以实践为中心。所以,在运用项目教学法进行教学设计时,学生是认知的主体,是知识的主动建构者。

本版教材在前几版的基础上紧密结合项目教学法进行了修订,调整了各项目的知识结构,充实了内容,力求突出以下特色:

1.根据电气自动化技术专业的要求共分为 8 个项目。各项目分别由"项目要求""项目目标""相关知识""项目实施""知识归纳""巩固练习"等部分构成,各学校可根据自身实际情况进行教学设计,完成教学任务。

2."相关知识"部分以案例为先导,增强读者对电路的认识。对电路分析方法仅做定向阐述,注重结果的应用。

3."巩固练习"部分在前三版的基础上进行了适当调整,更有利于学生的理解和复习。

4.教材全面贯彻党的二十大精神,将科学家故事、大国工匠事迹、时政新闻等制作为"哲思课堂",将知识重点、难点制作为融合动画、实物视频、操作讲解等的微课,充分运用新媒体技术,全方位提升学生技术和素养。

5.在项目实施过程中,有条件的学校可以利用软件进行部分电路仿真,增强学生的学习兴趣,以达到事半功倍的效果。

本教材共分为 8 个项目,主要包括认识电路的基本物理量和基尔霍夫定律、了解电路的基本定理及应用、单相正弦交流电路的分析、三相正弦交流电路的分析、互感耦合电路的分析、动态电路过渡过程的分析、非正弦周期电路的分析及室内照明电路的安装等内容。

本教材由营口理工学院荆珂、昆明冶金高等专科学校段波任主编,辽宁石油化工大学李芳、沈阳工程学院姜竹楠、国电东北热力集团有限公司张孟杰任副主编。具体编写分工如下:项目 1、项目 2 由姜竹楠编写;项目 3 由张孟杰编写;项目 4、项目 5 由李芳编写;项目 6、项目 7 由荆珂编写;项目 8 由段波编写。全书由荆珂统稿和定稿。

在编写本教材的过程中,编者参考、引用和改编了国内外出版物中的相关资料以及网络资源,在此对这些资料的作者表示深深的谢意！请相关著作权人看到本教材后与出版社联系,出版社将按照相关法律规定支付稿酬。

尽管我们在探索《电路基础与实践》教材特色的建设方面做出了许多努力,但教材中仍可能存在一些疏漏和不足之处,恳请读者批评指正,并将意见和建议及时反馈给我们,以便进一步修订完善。

编　者

所有意见和建议请发往:dutpgz@163.com
欢迎访问职教数字化服务平台:https://www.dutp.cn/sve/
联系电话:0411-84707424　84708979

目 录

项目 1 认识电路的基本物理量和基尔霍夫定律 ·············· 1

项目要求 ·············· 1

项目目标 ·············· 1

相关知识 ·············· 2

1.1 电路和电路模型 ·············· 2

1.1.1 电 路 ·············· 2

1.1.2 理想电路元件 ·············· 3

1.1.3 电路模型 ·············· 4

1.2 电路的基本物理量及其参考方向 ·············· 4

1.2.1 电流及其参考方向 ·············· 4

1.2.2 电压和电动势及其参考方向 ·············· 6

1.2.3 电功率和电能 ·············· 8

1.3 无源元件 ·············· 10

1.3.1 电阻元件 ·············· 10

1.3.2 电容元件 ·············· 13

1.3.3 电感元件 ·············· 15

1.4 电 源 ·············· 18

1.4.1 电压源 ·············· 18

1.4.2 电流源 ·············· 19

1.4.3 受控电源 ·············· 21

1.5 基尔霍夫定律 ·············· 22

1.5.1 一些有关的电路术语 ·············· 22

1.5.2 基尔霍夫定律介绍 ·············· 23

1.5.3 基尔霍夫定律的应用步骤 ·············· 25

项目实施 ·············· 27

知识归纳 ·············· 27

巩固练习 ·············· 28

项目 2 了解电路的基本定理及应用 ·············· 32

项目要求 ·············· 32

项目目标 ·············· 32

相关知识 ·············· 33

2.1 电阻电路的等效变换 ·············· 33

　　　　2.1.1　电路等效变换的概念 ··· 33

　　　　2.1.2　电阻的串、并联及等效变换 ····································· 34

　　2.2　电源等效变换 ··· 40

　　　　2.2.1　两种电源模型的等效变换 ····································· 40

　　　　2.2.2　电压源与二端元件并联的等效电路 ························ 41

　　　　2.2.3　电流源与二端元件串联的等效电路 ························ 42

　　2.3　支路电流法 ··· 44

　　　　2.3.1　引　例 ··· 44

　　　　2.3.2　支路电流法计算步骤 ·· 45

　　2.4　网孔电流法 ··· 47

　　　　2.4.1　网孔电流法介绍 ·· 47

　　　　2.4.2　网孔电流法的计算步骤 ······································ 48

　　　　2.4.3　含特殊支路的网孔电流法 ··································· 49

　　2.5　节点电压法 ··· 51

　　　　2.5.1　节点电压法介绍 ·· 51

　　　　2.5.2　节点电压法的计算步骤 ······································ 52

　　　　2.5.3　含特殊支路的节点电压法 ··································· 53

　　2.6　叠加定理 ··· 55

　　　　2.6.1　特例说明 ·· 55

　　　　2.6.2　叠加定理介绍 ··· 56

　　　　2.6.3　叠加定理应用举例 ··· 56

　　2.7　戴维南定理与诺顿定理 ·· 60

　　　　2.7.1　戴维南定理 ··· 61

　　　　2.7.2　诺顿定理 ·· 64

　　　　2.7.3　最大功率传输问题 ··· 66

项目实施 ··· 66

知识归纳 ··· 66

巩固练习 ··· 67

项目3　单相正弦交流电路的分析 ·································· 72

项目要求 ··· 72

项目目标 ··· 72

相关知识 ··· 73

　　3.1　正弦交流电的概念 ··· 73

　　　　3.1.1　正弦量的三要素 ·· 73

　　　　3.1.2　正弦量的有效值 ·· 75

　　　　3.1.3　同频率正弦量的相位差 ······································ 76

　　3.2　正弦量的表示法 ·· 77

　　　　3.2.1　复数的实部、虚部和模 ····································· 77

3.2.2　正弦量的相量表达式 ·· 77

3.3　正弦电路定律的相量形式 ··· 79

3.3.1　基尔霍夫定律的相量形式 ·································· 79

3.3.2　电阻、电感、电容元件伏安关系的相量形式 ········· 79

3.4　阻抗的计算 ·· 82

3.4.1　阻抗和导纳 ·· 82

3.4.2　电路的阻抗计算 ·· 84

3.5　正弦交流电路稳态分析 ·· 87

3.6　正弦稳态电路的功率及功率因数的增大 ······················ 92

3.6.1　正弦稳态电路的功率 ······································ 92

3.6.2　功率因数的增大 ·· 94

3.7　谐　振 ·· 97

3.7.1　串联电路的谐振 ·· 97

3.7.2　并联电路的谐振 ·· 99

项目实施 ··· 100

知识归纳 ··· 101

巩固练习 ··· 102

项目 4　三相正弦交流电路的分析 ·································· 106

项目要求 ··· 106

项目目标 ··· 106

相关知识 ··· 107

4.1　三相正弦交流电路的概念 ··· 107

4.1.1　三相电源与负载 ·· 107

4.1.2　三相电路的连接方式 ······································ 109

4.2　对称三相正弦交流电路的分析与计算 ·························· 110

4.2.1　对称三相电路相量与线量的关系 ······················ 110

4.2.2　对称三相四线制电路分析 ································ 111

4.3　不对称三相正弦交流电路 ··· 114

4.4　三相正弦电路的功率 ·· 116

4.4.1　三相正弦电路功率的概念 ································ 116

4.4.2　三相正弦电路功率的测量 ································ 117

项目实施 ··· 118

知识归纳 ··· 119

巩固练习 ··· 120

项目 5　互感耦合电路的分析 ······································· 122

项目要求 ··· 122

项目目标 ··· 122

相关知识 ┄┄┄┄┄┄┄┄┄┄┄┄┄┄┄┄┄┄┄┄┄┄┄┄┄┄┄┄┄┄┄┄ 123
5.1 耦合电感 ┄┄┄┄┄┄┄┄┄┄┄┄┄┄┄┄┄┄┄┄┄┄┄┄┄┄ 123
5.1.1 互 感 ┄┄┄┄┄┄┄┄┄┄┄┄┄┄┄┄┄┄┄┄┄ 123
5.1.2 同名端 ┄┄┄┄┄┄┄┄┄┄┄┄┄┄┄┄┄┄┄┄┄ 125
5.1.3 耦合电感的伏安关系 ┄┄┄┄┄┄┄┄┄┄┄┄ 126
5.2 有耦合电感的正弦电路 ┄┄┄┄┄┄┄┄┄┄┄┄┄┄┄ 128
5.2.1 耦合电感的串联 ┄┄┄┄┄┄┄┄┄┄┄┄┄┄┄ 128
5.2.2 耦合电感的并联 ┄┄┄┄┄┄┄┄┄┄┄┄┄┄┄ 130
5.3 变压器 ┄┄┄┄┄┄┄┄┄┄┄┄┄┄┄┄┄┄┄┄┄┄┄┄┄┄ 132
5.3.1 变压器的用途和分类 ┄┄┄┄┄┄┄┄┄┄┄┄ 132
5.3.2 变压器的基本结构 ┄┄┄┄┄┄┄┄┄┄┄┄┄ 132
5.3.3 理想变压器 ┄┄┄┄┄┄┄┄┄┄┄┄┄┄┄┄┄ 133
项目实施 ┄┄┄┄┄┄┄┄┄┄┄┄┄┄┄┄┄┄┄┄┄┄┄┄┄┄┄┄┄┄┄┄ 137
知识归纳 ┄┄┄┄┄┄┄┄┄┄┄┄┄┄┄┄┄┄┄┄┄┄┄┄┄┄┄┄┄┄┄┄ 137
巩固练习 ┄┄┄┄┄┄┄┄┄┄┄┄┄┄┄┄┄┄┄┄┄┄┄┄┄┄┄┄┄┄┄┄ 138

项目 6 动态电路过渡过程的分析 ┄┄┄┄┄┄┄┄┄┄┄┄┄┄ 140

项目要求 ┄┄┄┄┄┄┄┄┄┄┄┄┄┄┄┄┄┄┄┄┄┄┄┄┄┄┄┄┄┄┄┄ 140
项目目标 ┄┄┄┄┄┄┄┄┄┄┄┄┄┄┄┄┄┄┄┄┄┄┄┄┄┄┄┄┄┄┄┄ 140
相关知识 ┄┄┄┄┄┄┄┄┄┄┄┄┄┄┄┄┄┄┄┄┄┄┄┄┄┄┄┄┄┄┄┄ 141
6.1 过渡过程的产生与换路定律 ┄┄┄┄┄┄┄┄┄┄┄┄ 141
6.1.1 过渡过程的产生 ┄┄┄┄┄┄┄┄┄┄┄┄┄┄┄ 141
6.1.2 换路定律及电路初始值的计算 ┄┄┄┄┄┄ 142
6.2 一阶电路的零状态响应 ┄┄┄┄┄┄┄┄┄┄┄┄┄┄┄ 144
6.2.1 RC 串联电路的零状态响应 ┄┄┄┄┄┄┄┄┄ 145
6.2.2 RL 串联电路的零状态响应 ┄┄┄┄┄┄┄┄┄ 146
6.3 一阶电路的零输入响应 ┄┄┄┄┄┄┄┄┄┄┄┄┄┄┄ 147
6.3.1 RC 串联电路的零输入响应 ┄┄┄┄┄┄┄┄┄ 147
6.3.2 RL 串联电路的零输入响应 ┄┄┄┄┄┄┄┄┄ 149
6.4 一阶电路的全响应 ┄┄┄┄┄┄┄┄┄┄┄┄┄┄┄┄┄┄ 150
6.5 一阶电路的三要素法 ┄┄┄┄┄┄┄┄┄┄┄┄┄┄┄┄ 152
6.6 微分电路和积分电路 ┄┄┄┄┄┄┄┄┄┄┄┄┄┄┄┄ 154
6.6.1 微分电路 ┄┄┄┄┄┄┄┄┄┄┄┄┄┄┄┄┄┄┄ 154
6.6.2 积分电路 ┄┄┄┄┄┄┄┄┄┄┄┄┄┄┄┄┄┄┄ 155
项目实施 ┄┄┄┄┄┄┄┄┄┄┄┄┄┄┄┄┄┄┄┄┄┄┄┄┄┄┄┄┄┄┄┄ 156
知识归纳 ┄┄┄┄┄┄┄┄┄┄┄┄┄┄┄┄┄┄┄┄┄┄┄┄┄┄┄┄┄┄┄┄ 157
巩固练习 ┄┄┄┄┄┄┄┄┄┄┄┄┄┄┄┄┄┄┄┄┄┄┄┄┄┄┄┄┄┄┄┄ 158

项目 7　非正弦周期电路的分析 ································· 160

项目要求 ·· 160

项目目标 ·· 160

相关知识 ·· 160

7.1　非正弦周期信号及其分解 ······················· 160

7.1.1　非正弦周期信号 ························· 161

7.1.2　傅里叶级数 ····························· 161

7.2　非正弦周期电路中的有效值、平均值、平均功率 ······· 164

7.2.1　有效值 ································· 164

7.2.2　平均值 ································· 165

7.2.3　平均功率 ······························ 166

7.3　非正弦周期电路的计算 ·························· 168

7.4　滤波器 ····································· 170

项目实施 ·· 172

知识归纳 ·· 173

巩固练习 ·· 173

项目 8　室内照明电路的安装 ···························· 175

项目要求 ·· 175

项目目标 ·· 175

相关知识 ·· 175

8.1　照明电路的组成 ······························ 175

8.2　照明电路安装的要求和步骤 ······················ 177

8.2.1　技术要求 ······························· 177

8.2.2　安装步骤 ······························· 177

8.3　室内照明电路安装的要求 ························ 178

8.3.1　导线的选择 ····························· 178

8.3.2　室内专用电路的设置 ······················ 178

8.3.3　日光灯的原理与安装 ······················ 179

8.3.4　电源插座的选择与安装 ····················· 181

8.3.5　电能表的选择与安装 ······················ 182

8.4　技能训练 ································· 184

项目实施 ·· 186

知识归纳 ·· 186

巩固练习 ·· 186

参考文献 ·· 188

项目 1
认识电路的基本物理量和基尔霍夫定律

项目要求

了解电路的基本组成及基本物理量的意义；掌握电压、电流的概念及其正方向的规定；掌握电能与电功率的计算方法；掌握电阻、电感、电容和电源元件的特性；掌握基尔霍夫定律在电路中的应用；熟悉测量仪表的使用方法。

【知识要求】

(1)掌握电流、电压参考方向及电能与电功率的计算方法。

(2)掌握电阻、电感、电容和电源元件的特性。

(3)掌握基尔霍夫定律及其应用。

【技能和素质要求】

(1)根据要求能够正确连接电路。

(2)能够正确使用电流表、电压表及万用表,准确测量电路中电流、电压、电位等物理量。

(3)根据测得电路的物理量,能够分析电路的工作状态。

(4)能够对电路元件识读、检测。

(5)提高对行业的认知,培养专业兴趣,激发科技报国信念。

项目目标

(1)熟悉电流表、电压表、万用表的使用方法。

(2)连接一个具有三个回路的实际电路,对各物理量进行测试,并能分析电路的工作状态。

(3)能够利用基尔霍夫定律解决电路计算问题。

(4)掌握电路各元件的特性并能够识读、检测。

相关知识

1.1 电路和电路模型

案例导入

傍晚,你进入寝室,按动灯开关,灯亮了,如图 1-1 所示。这是什么原理呢?

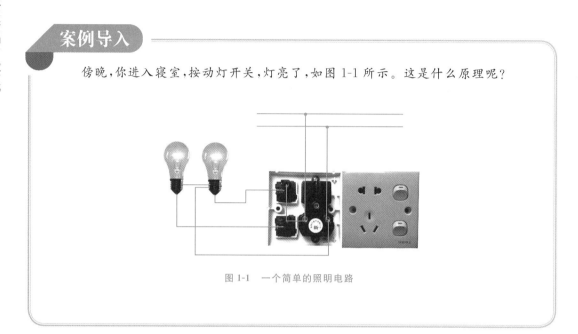

图 1-1　一个简单的照明电路

1.1.1 电　路

电路是为了实现某种功能由电气器件(如电阻、电容、电感、晶体管、变压器等)按一定方式连接而成的集合体。比较复杂的电路呈网状,常称为网络。例如,手电筒是一种最简单的电路,它由电池、灯泡、开关、金属容器等组成一个电流的通路;又如,电力系统和电视机则是相当复杂的电路,它们由许多的电路元件连接组成。

电路的作用之一是实现电能的传输和转换。如图 1-2 所示的电力系统中,发电机是电源,是供给电能的设备,它可以把热能、原子能等非电能形式的能量转换为电能;白炽灯、电动机、电热设备等是负载,是消耗电能的设备,它们把电能转换为光能、机械能、热能等其他形式的能量,从而满足生活、生产的需要;变压器、输电线以及开关等是中间环节,用于连接电源和负载,起传输和分配电能、保证安全供电的作用。这类电路中,一般电压、电流较大,称为强电电路,也称为电力电路,要求在电能的传输和转换过程中,电路的能量损耗尽可能小,效率尽可能高。

电路的另一个作用是实现信号的传递和处理。如图 1-3 所示,话筒是信号源,用于将声音信号转换为微弱的电信号;喇叭接收电信号并将其转换为声音,它是扩音器的负载;由于话筒输出的电信号很弱,不足以驱动喇叭发声,因此用放大器来放大电信号。在这类电路

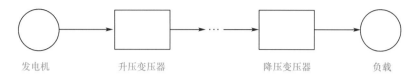

图 1-2　电力系统的结构

中,虽然也有能量的传输和转换,但因电压、电流数值通常较小,称为弱电电路,较少考虑能量的损耗和效率问题,研究的重点是如何改善信号传递和处理的性能(如失真、稳定性、放大倍数、级间配合等问题)。

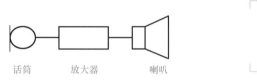

图 1-3　扩音器的结构

哲思课堂 1

可见,一个完整的电路应包括电源或信号源、负载和中间环节三部分,是由发生、传输和应用电能或电信号的各种部件组成的总体。电源或信号源是提供电能或电信号的设备,常指发电机、蓄电池、整流装置、信号发生装置等设备,其作用是推动电路工作,通常称为激励,在激励的作用下电路中产生的电压或电流称为响应,它相当于负载;负载是使用电能或输出电信号的设备,如一台电视机可看作强电系统的负载,而其中的扬声器或显像管又是信号处理设备自身的负载;中间环节用于传输、控制电能和电信号,常指输电线、开关和熔断器等传输、控制和保护装置,或放大器等信号处理电路。

1.1.2　理想电路元件

组成电路的实际电路器件通常比较复杂,其电磁性能的表现是多方面交织在一起的。但在研究时,为了便于分析,在一定的条件下要对实际器件加以理想化,只考虑其中起主要作用的某些电磁现象,而将其他电磁现象忽略,或将一些电磁现象分别处理。例如连接在电路中的灯泡,通电后消耗电能而发光、发热,并在其周围产生磁场(电流周围会产生磁场),但是因为后者的作用微弱,所以只需要考虑灯泡消耗电能的性能,而将其视为电阻元件。

实际电路器件理想化而得到的只具有某种单一电磁性质的元件,称为理想电路元件,简称为电路元件。每一种电路元件体现某种基本现象,具有某种确定的电磁性质和精确的数学定义。常用的有表示将电能转换为热能的电阻元件、表示电场性质的电容元件、表示磁场性质的电感元件,这些元件称为无源元件;表示电源的电压源元件和电流源元件,这些元件称为有源元件。

电路元件按照其与电路其他部分相连接的端钮数,可以分为二端元件和多端元件。二端元件通过两个端钮与电路其他部分连接;多端元件通过三个或三个以上端钮与电路其他部分连接。

1.1.3　电路模型

由理想电路元件互相连接组成的电路称为电路模型。电路模型是实际电路的抽象和近似，应当通过对电路的物理过程的观察分析来确定一个实际电路用什么样的电路模型表示。

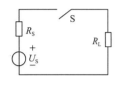

模型取得恰当，对电路的分析与计算的结果就与实际情况接近。本书所说的电路均指由理想电路元件构成的电路模型。理想电路元件及其组合虽然与实际电路元件的性能不完全一致，但在一定条件下，在工程上允许的近似范围内，实际电路完全可以用理想电路元件组成的电路代替，从而使电路的分析与计算得到简化。如图 1-1 所示的手电筒，其电路模型如图 1-4 所示。

图 1-4　手电筒电路模型

 练一练

1. 电路由哪几部分组成？电路的作用有哪些？请列举出两个生活中常见的实际电路。

2. 何谓理想电路元件？常见的理想电路元件有哪些？

3. 何谓二端元件和多端元件？

1.2　电路的基本物理量及其参考方向

无论是电能的传输和转换，还是信号的传递和处理，都体现在电路中电流、电压和电功率的大小及它们之间的关系上。因此，在讨论电路的分析和计算方法之前，首先概略地阐述一下这几个基本物理量。

1.2.1　电流及其参考方向

电流的定义　　电流的大小

1. 电流

金属内的自由电子在电场的作用下做定向运动，形成电流。电流的强弱用电流强度来衡量。如图 1-5 所示，假设在 $\mathrm{d}t$ 时间内通过导体截面 S 的电量为 $\mathrm{d}q$，则电流强度为

$$i = \frac{\mathrm{d}q}{\mathrm{d}t} \tag{1-1}$$

图 1-5　导体中的电流

即电流强度在数值上等于单位时间内通过导体某一横截面的电荷量。习惯上规定正电荷运动的方向为电流的实际方向。实际上，在金属中流动的是带负电的电子，但习惯上假设为正电荷的流动。电流强度习惯上简称为电流。

电流可以是随时间而任意变化的。周期性变动且平均值为零的电流称为交流电流,用小写字母 i 表示,如图 1-6(a)、图 1-6(b) 所示。

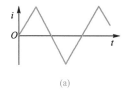 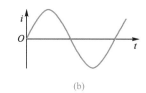 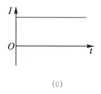

图 1-6　电流波形

如果电流的大小和方向不随时间而变化,则称其为直流电流,用大写字母 I 表示,其波形如图 1-6(c) 所示。对于直流电流,若在时间 t 内通过导体横截面的电荷量为 Q,则电流为 $I=\dfrac{Q}{t}$。在国际单位制(SI)中,电流的单位是安培(A),简称安。电(荷)量的单位是库仑(C),简称库。当每秒通过导体横截面的电量为 1 C 时,电流为 1 A。表示微小电流时,常以毫安(mA)或微安(μA)为单位;表示大电流时,常以千安(kA)为单位。它们和安的关系是

$$1 \text{ mA}=10^{-3} \text{ A}, 1 \text{ }\mu\text{A}=10^{-6} \text{ A}, 1 \text{ kA}=10^{3} \text{ A}$$

2. 电流的参考方向

当电路比较复杂时,在得出计算结果之前,判断电流的实际方向很困难,而进行电路的分析与计算,又必须确定电流的方向。对于交流电流,电流的方向随时间而改变,无法用一个固定的方向表示,因此引入电流的"参考方向"这一概念。

任意规定某一方向作为电流数值为正的方向,称为电流的参考方向,也称为电流的正方向。它是一个任意假定的电流方向,用箭头标示在电路上,并标以符号,如图 1-7(a) 所示。规定了电流的参考方向以后,电流就变成了代数量而且有正有负,根据电流的参考方向和计算结果中的正、负号,就可以知道电流的实际方向。如果电流 i 为正值,则电路中电流实际方向与电流参考方向一致,如图 1-7(b) 所示;如果电流 i 为负值,则电路中电流实际方向与电流参考方向相反,如图 1-7(c) 所示。需要注意的是,未规定电流的参考方向时,电流的正负没有任何意义。

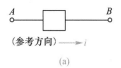 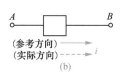 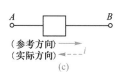

图 1-7　电流的参考方向

如果通过图 1-7(c)中元件的电流的大小为 15 mA,电流实际由 B 流向 A,则电流 i 为 -15 mA。在直流电路中,测量电流时,应根据电流的实际方向将电流表串联接入待测支路中,电流表上标注的"＋""－"号为电流表的极性。

1.2.2 电压和电动势及其参考方向

1. 电压

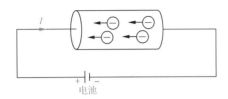

图 1-8 电荷的运动回路

当一根导线把电源的正、负极通过负载连接成一个闭合电路时,在电场力的作用下,电荷运动,正电荷向一个方向运动,而负电荷向相反方向运动,形成了电流,电场力就对电荷做了功。

电场力做功的能力用电压表示。电场力把单位正电荷从 A 点经外电路(电源以外的电路)移到 B 点所做的功,称为 A、B 两点之间的电压,用字母 U_{AB} 表示。若电场力做功 $\mathrm{d}W$,使电荷 $\mathrm{d}q$ 经外电路由电源正极 A 移动到负极 B,则 U_{AB} 为

$$U_{AB} = \frac{\mathrm{d}W}{\mathrm{d}q} \tag{1-2}$$

可以证明电场力做功与路径无关,因此式(1-2)定义的电压也与路径无关,仅取决于始末点位置。可以得出结论:电路中任意两点间的电压有确定的数值。由于电场力把正电荷从高电位点移向低电位点,因此规定电压的实际方向是从高电位点指向低电位点,即电位降的方向。所以,电压也可以用电位表示,电位即物理学中的电势,用 φ 表示,单位是伏特(V)。两点间的电压就是这两点间的电位之差。这样,a、b 两点间的电压可表示为

$$U_{ab} = \varphi_a - \varphi_b$$

在国际单位制(SI)中,电压的单位是伏特(V),简称伏。当电场力把 1 C 的电量从一点移动到另一点所做的功为 1 J(焦耳)时,这两点间的电压为 1 V。表示微小电压时,常以毫伏(mV)和微伏(μV)为单位;表示高电压时,常以千伏(kV)为单位。它们和伏的关系是

$$1\ \mathrm{mV} = 10^{-3}\ \mathrm{V}, 1\ \mu\mathrm{V} = 10^{-6}\ \mathrm{V}, 1\ \mathrm{kV} = 10^{3}\ \mathrm{V}$$

为了便于分析电路,常在电路中任意指定一点作为参考点,假定该点电位是零(用符号"⊥"表示),则由电压的定义可以知道,电路中的 a 点与参考点间的电压即 a 点相对于参考点的电位,因此可以用电位的高低(大小)来衡量电路中某点电场能量的大小。电路中参考点的位置原则上可以任意指定,参考点不同,各点电位的高低也不同,但是电路中任意两点间的电压与参考点的选择无关。在实际电路中,常以大地或仪器设备的金属机壳或底板作为电路的参考点,参考点又常称为接地点。

2. 电动势

相对于电源外部正、负两极间的外电路而言,通常把电源内部正、负极间的电路称为内电路。在电场力的作用下,正电荷源源不断地从电源正极经外电路到达负极,于是正极上

的正电荷数量不断减少。如果要维持电流在外电路中流通,并保持恒定,就要使移动到电源负极上的正电荷经过电源内部回到电源正极。电源力把单位正电荷从电源负极经电源内部移到电源正极所做的功,称为该电源的电动势,用 E 表示。电动势是衡量电源力做功能力的物理量,它把正电荷从低电位点(电源负极)移向高电位点(电源正极),故电动势的方向是从低电位点指向高电位点,即电位升的方向。

在电源力的作用下,电源不断地把其他形式的能量转换为电能。在各种不同的电源中,产生电源力的原因是不同的。例如,在电池中是由于电解液和金属极板之间的化学作用,在发电机中是由于电磁感应作用,在热电偶中是由于两种不同金属连接处的热电效应等。和电压的单位相同,电动势的单位也是伏特(V)。

3. 电压和电动势的参考方向

和电流一样,电路图中所标的电压和电动势的方向也都是参考方向,只有在已经标定参考方向之后,电压和电动势的数值才有正、负之分。一般地,在元件或电路两端用符号"+""一"分别标定正、负极性,由正极指向负极的方向为电压的参考方向,并以箭头标示。如果电压 U 为正值,则实际方向与参考方向一致;如果电压 U 为负值,则实际方向与参考方向相反。另外也可以用双下标脚注表示电压与电动势的参考方向,例如 U_{ab} 表示电路中 a、b 两点间电压的参考方向从 a 点指向 b 点,而 U_{ba} 则表示电压的参考方向从 b 点指向 a 点,显然,$U_{ab}=-U_{ba}$。

4. 关联与非关联参考方向

一个元件的电压或电流的参考方向可以独立地任意假定。如果指定流过元件的电流参考方向是从标以电压正极性的一端指向负极性的一端,即两者的参考方向一致,则把电流和电压的这种参考方向称为关联参考方向;当两者不一致时,称为非关联参考方向。在分析计算复杂电路时,如果已经知道电流、电压或电动势的实际方向,则取它们的参考方向与实际方向一致;对于不能确定实际方向的电路或交流电路,则一般采用关联参考方向。

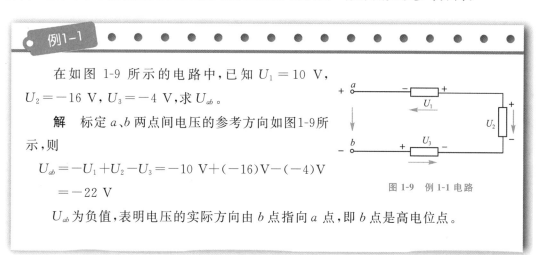

例1-1

在如图 1-9 所示的电路中,已知 $U_1 = 10$ V,$U_2 = -16$ V,$U_3 = -4$ V,求 U_{ab}。

解 标定 a、b 两点间电压的参考方向如图1-9所示,则

$$U_{ab} = -U_1 + U_2 - U_3 = -10 \text{ V} + (-16)\text{V} - (-4)\text{V}$$
$$= -22 \text{ V}$$

图 1-9 例 1-1 电路

U_{ab} 为负值,表明电压的实际方向由 b 点指向 a 点,即 b 点是高电位点。

例1-2

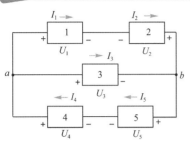

图1-10 例1-2电路

如图 1-10 所示的电路中有五个电路元件,电流和电压的参考方向均已标在图中。实验测得:$I_1=I_2=-8$ A,$I_3=12$ A,$I_4=I_5=4$ A;$U_1=200$ V,$U_2=120$ V,$U_3=80$ V,$U_4=-70$ V,$U_5=-150$ V。

(1)试指出各电流的实际方向和各电压的实际极性。

(2)判断哪些元件是电源,哪些是负载。

(3)指出各元件的电压与电流的参考方向是关联方向还是非关联方向。

解 (1)根据图 1-10 中所标电流、电压方向,流过元件 1、2 的电流实际方向与参考方向相反,由右流向左;流过元件 3 的电流实际方向与参考方向相同,由左流向右;流过元件 4、5 的电流实际方向与参考方向相同,由右流向左。元件 1、2、3 各自两端电压的实际方向与参考方向相同,元件 4、5 各自两端电压的实际方向与参考方向相反,即 a 点为高电位点,b 点为低电位点。

(2)对于元件 1 和元件 5,电流由低电位点流向高电位点,因此它们是电源;对于元件 2、3、4,电流由高电位点流向低电位点,因此它们是负载。

(3)按照关联参考方向的规定,元件 1、3、5 的电压与电流是关联参考方向;元件 2、4 的电压与电流是非关联参考方向。

1.2.3 电功率和电能

1.电功率

电流通过电路时传输或转换电能的速率称为电功率,简称为功率,用 p 表示。

流过二端元件的电流和电压分别为 i 和 u,如图 1-11 所示,关联参考方向如图中箭头所示。在电路中,正电荷 $\mathrm{d}q$ 受电场力作用,由 a 点运动到 b 点,电场力做功 $\mathrm{d}W$,且 $\mathrm{d}W=u\mathrm{d}q$。所以,电路吸收的电功率为

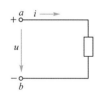

图1-11 二端电路的功率

$$p=\frac{\mathrm{d}W}{\mathrm{d}t}=u\,\frac{\mathrm{d}q}{\mathrm{d}t}=ui \tag{1-3a}$$

式(1-3a)表明,任意瞬时,电路的功率等于该瞬时的电压与电流的乘积。对直流电路,有

$$P = UI \tag{1-3b}$$

当电压、电流为非关联参考方向时,式(1-3a)和式(1-3b)等号右侧各增加一个负号。

在国际单位制(SI)中,功率的单位是瓦特(W),简称瓦。常用单位还有千瓦(kW)和毫瓦(mW)。照明灯泡的功率用瓦作为单位,动力设备如电动机则多用千瓦作为单位,而在电子电路中往往用毫瓦作为单位。

由于电压与电流均为代数量,因而功率也可正可负。若 $P > 0$,表示元件实际吸收或消耗功率;若 $P < 0$,表示元件实际发出或提供功率。

2. 电能

在直流电路中,电路在一段时间内吸收的能量称为电能,即

$$W = Pt \tag{1-4}$$

在国际单位制(SI)中,电能的单位是焦耳(J),简称焦。1 J 等于 1 W 的用电设备在 1 s 内消耗的电能。在电力工程中,电能常用"度"作为单位,1 度 = 1 kW·h,即功率为 1 kW 的用电设备在 1 h 内消耗的电能。即

$$1 \text{ kW·h} = 10^3 \text{ W} \times 3\,600 \text{ s} = 3.6 \times 10^6 \text{ J} = 3.6 \text{ MJ}$$

例1-3

计算图 1-12 中各元件的功率,指出是吸收还是发出功率,并求出整个电路的功率。已知电路为直流电路,$U_1 = 4$ V,$U_2 = -8$ V,$U_3 = 6$ V,$I = 2$ A。

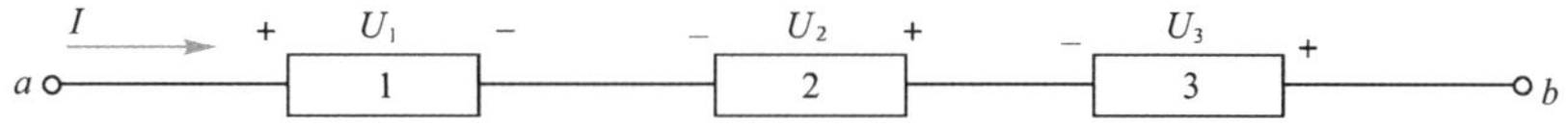

图 1-12 例 1-3 电路

解 在图中,元件 1 的电压与电流为关联参考方向,由式(1-3b)得

$$P_1 = U_1 I = 4 \text{ V} \times 2 \text{ A} = 8 \text{ W}$$

故元件 1 吸收功率。

元件 2 和元件 3 的电压与电流是非关联参考方向,所以得

$$P_2 = -U_2 I = -(-8 \text{ V}) \times 2 \text{ A} = 16 \text{ W}$$

$$P_3 = -U_3 I = -6 \text{ V} \times 2 \text{ A} = -12 \text{ W}$$

故元件 2 吸收功率,元件 3 发出功率。

整个电路的功率为

$$P = P_1 + P_2 + P_3 = 8 \text{ W} + 16 \text{ W} + (-12 \text{ W}) = 12 \text{ W}$$

本例中,元件 1 和元件 2 的电压与电流实际方向相同,二者吸收功率;元件 3 的电压与电流实际方向相反,发出功率。电阻元件的电压与电流的实际方向总是一致的,其功率总是正值。电源则不然,它的功率可能是负值,也可能是正值。这说明它可能作为电源提供电能,发出功率;也可能被充电,吸收功率。

练一练

1. 已知某电路中 $U_{ab} = -5\ \text{V}$，试说明 a、b 两点哪点电位高。

2. 一个元件的功率为 $P = 100\ \text{W}$，试讨论关联与非关联参考方向下，该元件吸收还是发出功率。

3. 如图 1-13 所示的电路中有 3 个元件。电流、电压的参考方向如图 1-13 中箭头所示，实验测得 $I_1 = 3\ \text{A}$，$I_2 = -3\ \text{A}$，$I_3 = -3\ \text{A}$，$U_1 = -120\ \text{V}$，$U_2 = 70\ \text{V}$，$U_3 = -50\ \text{V}$。

试指出各元件电流、端电压的实际方向，计算元件的功率，并指出哪个元件吸收功率、哪个元件发出功率。

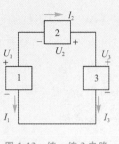

图 1-13　练一练 3 电路

1.3　无源元件

案例导入

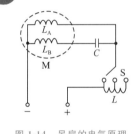

图 1-14　吊扇的电气原理

单相异步电动机属于感性负载，它常用于功率不大的电动工具（如电钻、搅拌器等）和众多的家用电器（如洗衣机、电风扇、抽油烟机等）。如图 1-14 所示为吊扇的电气原理。其中，L_A、L_B 分别是单相异步电动机（M）的工作绕组、启动绕组；电容 C 是启动电容，它与启动绕组 L_B 串联；S 是开关；电感 L 是吊扇的调速电抗器。

本节讨论的无源元件有电阻元件、电容元件、电感元件，主要分析讨论线性二端电阻元件、线性二端电容元件、线性二端电感元件的特性。

1.3.1　电阻元件

电阻的定义

1. 电阻元件介绍

电路是由元件连接组成的，研究电路时必须了解各电路元件的特性。电阻元件是一种最常见的、用来反映电能消耗的二端元件。电阻元件的特性可以用元件的电压与电流的代数关系表示。在任意时刻，电阻元件的电压与电流的关系可以用一条确定的伏安特性曲线描述，并且这条曲线可通过实验获得。

由于耗能元件电压与电流的实际方向总是一致的，即电流流向电位降落的方向，因此当选取电压与电流的方向为关联参考方向时，电阻元件的伏安特性曲线是位于 I、Ⅲ 象限的曲线，电压与电流呈某种代数关系。

若电阻元件的伏安特性曲线是通过原点的直线,称为线性电阻元件;否则,称为非线性电阻元件。如白炽灯相当于一个线性电阻元件,二极管是一个非线性电阻元件。

图 1-15 所示为电阻元件在线性与非线性两种情况下的伏安特性曲线及电路符号。

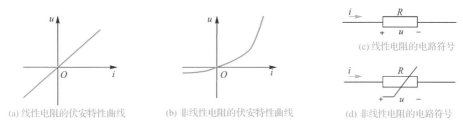

图 1-15　电阻元件的伏安特性曲线和电路符号

如无特殊说明,本书所称电阻元件均指线性电阻元件。

2. 电阻元件的电压、电流关系

对于线性电阻元件,由图1-15(a)可以知道,在关联参考方向下,流过线性电阻元件的电流与其两端的电压成正比,若令比例系数为 R,则表达式为

$$u = Ri \tag{1-5}$$

式(1-5)称为欧姆定律。比例系数 R 是一个反映电路中电能损耗的参数,它是一个与电压、电流均无关的常数,称为线性电阻元件的电阻。可见欧姆定律用于表达一段电阻电路上的电压与电流的关系。这样,"电阻"这个术语一方面表示电阻元件,另一方面也表示元件的参数。若电压与电流为非关联参考方向,则式(1-5)应当变为

$$u = -Ri \tag{1-6}$$

在国际单位制(SI)中,电阻的单位是欧姆(Ω),简称欧。当流过电阻的电流是 1 A、电阻两端的电压是 1 V 时,电阻元件的电阻为 1 Ω。常用单位还有千欧(kΩ)和兆欧(MΩ)等。它们之间的换算关系是

$$1\ M\Omega = 10^3\ k\Omega = 10^6\ \Omega$$

实验证明,金属导体的电阻值不仅和导体材料的成分有关,还和导体的几何尺寸及温度有关。一般地,横截面积为 $S(m^2)$、长度为 $l(m)$ 的均匀导体,其电阻 $R(\Omega)$ 为

$$R = \rho \frac{l}{S} \tag{1-7}$$

式中,ρ 为电阻率,单位是欧姆米(Ω·m)。常用导电材料的电阻率见表 1-1。

表 1-1　　　　　　　　　　　　　常用导电材料的电阻率

材　料	$\rho/(\times 10^{-8}\ \Omega \cdot m)$	材　料	$\rho/(\times 10^{-8}\ \Omega \cdot m)$	材　料	$\rho/(\times 10^{-8}\ \Omega \cdot m)$
银(化学纯)	1.47	钨	5.30	铁(化学纯)	9.60
铜(化学纯)	1.55	铂	9.80	铁(工业纯)	12.00
铜(工业纯)	1.70	锰铜	42.00	镍铬铁	12.00
铝	2.50	康铜	4.40	铝铬铁	120.00

导体温度不同时,其电阻值一般不同,可计算为

$$R_2 = R_1 [1 + \alpha(t_2 - t_1)] \tag{1-8}$$

式中,R_1 是温度为 t_1 时导体的电阻值;R_2 是温度为 t_2 时导体的电阻值;α 是材料的电阻温

度系数,即导体温度每升高 1 ℃时,其电阻值增大的百分数,单位是每摄氏度($℃^{-1}$)。材料的 α 值越小,电阻值越稳定。

为了方便分析,有时利用电导来表征线性电阻元件的特性。电导就是电阻的倒数,用 G 表示,它的单位是西门子(S)。引入电导后,欧姆定律在关联参考方向下还可以写成

$$i = Gu \tag{1-9}$$

3. 电阻元件的能量

在关联参考方向下,线性电阻元件吸收(消耗)的功率可由式(1-3a)和式(1-5)计算得到,即

$$p = ui = Ri^2 = \frac{u^2}{R} = \frac{i^2}{G} = Gu^2 \tag{1-10}$$

式(1-10)表明无论电压和电流的参考方向是否关联,只要电阻元件上有电流流过,其功率总大于零,因此电阻元件是耗能元件。

从能量角度看,在直流情况下,电阻元件吸收的电能为

$$W = I^2 Rt \tag{1-11}$$

该式就是焦耳定律,电阻将吸收的电能转化为热能。

4. 常用电阻元件的外形和特点

严格地说,线性电阻元件是不存在的,但绝大多数电阻元件在一定的工作范围内都非常接近线性电阻的条件,因此可用线性电阻作为它们的模型。实际中碳膜、金属膜、线绕电阻器使用较多。常用电阻元件的外形和特点见表 1-2。电阻元件的电路符号如图 1-16 所示。

表 1-2   常用电阻元件的外形和特点

电阻名称	实物图	特 点
碳膜电阻		碳膜电阻稳定性较高,噪声较低
金属膜电阻		金属膜和金属氧化膜电阻具有噪声低,耐高温,体积小,稳定性和精密度高等特点
热敏电阻		热敏电阻包括正温度系数(PTC)和负温度系数(NTC)热敏电阻。热敏电阻的主要特点是灵敏度较高,工作温度范围宽,体积小
绕线电阻		绕线电阻有固定和可调式两种。特点是稳定性和耐热性能好,噪声小,误差范围小。额定功率大都在 1 W 以上
电位器	① ② ③ ④	①碳膜电位器,稳定性较高,噪声较低 ②带开关的电位器 ③推拉式带开关碳膜电位器,使用寿命长,调节方便 ④微调电位器

(a)固定电阻　　(b)压敏电阻　　(c)可调电阻　　(d)带固定抽头的电阻　　(e)带滑动触点的电位器

图 1-16　电阻元件的电路符号

5. 开路和短路

线性电阻元件有两种特殊情况:开路和短路。无论元件的支路电压值是多少,只要支路电流值恒等于零,就称为开路。开路时的特性曲线与 u 轴重合,如图 1-17 所示。该特性曲线的斜率为无穷大,即 $R=\infty$ 或 $G=0$。无论二端元件的支路电流值是多少,只要支路电压值恒等于零,就称为短路。短路时的特性曲线与 i 轴重合,如图 1-18 所示。该特性曲线的斜率为零,即 $R=0$ 或 $G=\infty$。

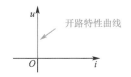

图 1-17　开路特性曲线与 u 轴重合

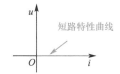

图 1-18　短路特性曲线与 i 轴重合

1.3.2　电容元件

1. 电容元件

一般地,任何两块金属导体,中间用电介质隔开形成的器件称为电容元件,金属导体称为电容元件的极板。如图 1-19 所示为电容元件的电路符号。从电容元件的两端引出电极,可将电容元件接到电路中去。当电容元件一个极板上带有正电荷时,由于静电感应,另一个极板上必定带有等量的负电荷,两极板间产生电压,并在电介质中形成电场。忽略电容元件的电介质损耗和漏电流,便可认为它是一个储存电场能量的理想元件,从而得到实际电容元件的理想化模型。

(a)固定电容　　(b)电解电容　　(c)可调电容　　(d)预调电容

图 1-19　电容元件的电路符号

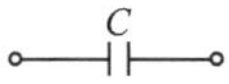

电容元件

实验证明,极板间的电压与极板所带的电荷量有关,如果电荷量与电压成正比关系,称为线性电容元件。本书讨论线性电容元件。线性电容元件在电路图中用图 1-20 所示的符号表示。它是一个二端元件,电荷量与电压的比值称为电容,定义为

图 1-20　线性电容元件的电路符号

$$C=\frac{q}{U} \tag{1-12}$$

式中,U 为线性电容元件两个极板间的电压。

电容元件的电容反映其本身的特性,大小取决于电容元件的结构、两极板的形状及大小、极板的间距、板间充有的电介质等因素,与极板所带的电荷无关。

在国际单位制(SI)中,电容的单位是法拉(F),简称法。如果在电容元件极板间加上 1 V 的电压,每块极板载有 1 C 电量,则其电容为 1 F。法拉这个单位非常大,常用的电容单位有

毫法(mF)、微法(μF)、纳法(nF)和皮法(pF),它们之间的换算关系为
$$1\ \text{F} = 10^3\ \text{mF} = 10^6\ \mu\text{F} = 10^9\ \text{nF} = 10^{12}\ \text{pF}$$

"电容"这个术语一方面表示电容元件,另一方面也表示电容元件的参数。

2. 电容元件的电压、电流关系

当电容元件极板间电压变化时,极板间电荷也随之变化,电容元件电路中出现电流;当电容元件两端的电压不变时,极板上的电荷也不变化,电路中便没有电流。当电压、电流为关联参考方向时,线性电容元件的特性方程为

电容充放电过程

$$i = \frac{\mathrm{d}q}{\mathrm{d}t} = C\frac{\mathrm{d}u}{\mathrm{d}t} \tag{1-13}$$

式(1-13)说明通过电容元件的电流与电压的变化率成正比。电容元件的电压若不断变化,电容元件则不断地充电或放电,电路中就形成了电流。若电压不随时间变化,则电流为零,这时电容元件相当于开路。故电容元件有隔断直流的作用。

当电压、电流为非关联参考方向时有

$$i = -C\frac{\mathrm{d}u}{\mathrm{d}t} \tag{1-14}$$

3. 电容元件的电场能量

电容元件不仅能储存电荷,还能储存能量。电压与电流采用关联参考方向,电容元件吸收的功率为

$$p = ui = uC\frac{\mathrm{d}u}{\mathrm{d}t} \tag{1-15}$$

在 $\mathrm{d}t$ 时间内,电容元件电场中的能量增量为 $\mathrm{d}w = p\mathrm{d}t = uC\mathrm{d}u$,电压为零时电荷也为零,无电场能量。当电压由 0 增大到 u 时,电容元件储存的电场能量为

$$W_C = \int_0^u uC\mathrm{d}u = \frac{1}{2}Cu^2 \tag{1-16}$$

可以看出,电场能量只与最终的电压值有关,而与电压建立过程无关。对于同一个电容元件,当充电电压高或储存的电量多时,它储存的能量就多;对于不同的电容元件,当充电电压一定时,电容量大的储存的能量多。从这个意义上说,电容 C 也是电容元件储能本领大小的标志。当电压的绝对值增大时,电容元件吸收能量,并全部转换为电场能量;当电压的绝对值减小时,电容元件释放电场能量。所以,电容元件是一种储能元件。电容元件也不会释放出多于它吸收或储存的能量,因此它是一种无源元件。

电容特性

n 个电容元件串联的电路,等效电容满足

$$\frac{1}{C} = \frac{1}{C_1} + \frac{1}{C_2} + \cdots + \frac{1}{C_n} \tag{1-17}$$

n 个电容元件并联的电路,等效电容满足

$$C = C_1 + C_2 + \cdots + C_n \tag{1-18}$$

在选用电容元件时,除了选择合适的电容量外,还需要注意实际工作电压是否超出电容元件的额定电压。如果实际工作电压过大,介质就会被击穿,电容元件就会损坏。

4. 常用电容元件的外形和特点

电容元件是电信器材的主要元件之一。在电信方面采用的电容元件以小体积为主,大体积的电容元件常用于电力方面。

电容元件基本上分为固定和可调两大类。固定电容元件按介质来分,有云母电容器、陶瓷电容器、纸介电容器、薄膜电容器(包括塑料、涤纶等)、玻璃釉电容器和电解电容器等。可调电容元件有空气可调电容器、密封可调电容器两类。半可调电容器又分为塑料薄膜微调和线绕微调电容器等。常用电容元件的外形和特点见表 1-3。

表 1-3 常用电容元件的外形和特点

电容名称	实物图	特 点
云母电容器		耐高温、高压,性能稳定,体积小,漏电小,但电容量小。宜用于高频电路中
陶瓷电容器		耐高温,体积小,性能稳定,漏电小,但电容量小。可用于高频电路中
纸介电容器		价格低,损耗大,体积也较大。宜用于低频电路中
金属化纸介电容器		体积小,电容量较大。受高压击穿后,能"自愈",即当电压恢复正常后,该电容器仍然能照常工作。一般用于低频电路中
独石电容器		独石电容器是多层陶瓷电容器的别称。温度特性好,频率特性好,容量比较稳定
钽电容器		是一种电解电容器。体积小,电容量大,性能稳定,寿命长,绝缘电阻大,温度特性好。用于要求较高的设备中
电解电容器		电容量大,有固定的极性,但漏电大,损耗大。宜用于电源滤波电路中
微调电容器		用螺钉调节两组金属片间的距离来改变电容量。一般用于振荡或补偿电路中
可调电容器		由一组(多组)定片和一组(多组)动片所构成。容量随动片组转动的角度不同而改变

1.3.3 电感元件

1. 电感元件

实际电感元件就是用漆包线、纱包线或裸导线一圈靠一圈地绕在绝缘管上或铁芯上而又彼此绝缘的一种元件。在电路中多用来对交流信号进行隔离、滤波或组成谐振电路等。电感元件的电路符号如图 1-21 所示。

电感元件用于描写电路中存储磁场能量的电磁物理现象。电感线圈有电流流过时,在线圈内部形成磁通,并由磁场存储能量。如图 1-22 所示,线圈中的电流 i

电感元件

(a)电感　　　(b)磁芯电感　　(c)磁芯连续可调电感　　(d)磁芯有间隙电感　　(e)带固定抽头电感

图 1-21　电感元件的电路符号

产生的自感磁通 Φ 与 N 匝线圈交链,则自感磁通链为

$$\Psi = N\Phi \tag{1-19}$$

当自感磁通与电流的参考方向之间符合右手螺旋定则时,自感磁通链与电流的关系为

$$L = \frac{\Psi}{i} \tag{1-20}$$

式中,L 为线圈的自感系数,又称为线圈的电感量,简称为自感或电感。"电感"一词既表示元件,又表示元件参数大小的度量。电感量是电感元件的一个重要参数,反映了电感元件存储磁场能量的能力。本书只讨论线性电感元件,其电路符号如图 1-23 所示。

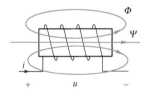
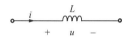

图 1-22　电感原理　　　　　图 1-23　线性电感元件的电路符号

在国际单位制(SI)中,电感的单位是亨利(H),简称亨。常用单位还有毫亨(mH)和微亨(μH),它们的换算关系为

$$1\ \text{H} = 10^3\ \text{mH} = 10^6\ \mu\text{H}$$

2. 电感元件的电压和电流关系

在电感元件中电流随时间变化时,磁通链也随之改变,在元件中引起自感电动势(也称为感应电动势),这种现象称为电磁感应。

如图 1-23 所示,当电感元件两端的电压与电流采用关联参考方向时,根据电磁感应定律,电感元件的自感电动势为磁通链的变化率,即

电感充放电过程

$$|e| = \left| \frac{\mathrm{d}\Psi}{\mathrm{d}t} \right| \tag{1-21}$$

当电流与磁通链为关联参考方向时,可得

$$|e| = \left| L\frac{\mathrm{d}i}{\mathrm{d}t} \right| \tag{1-22}$$

自感电动势的方向由楞次定律判断,其方向总是试图产生感应电流来阻碍磁通链的变化。当自感电动势与磁通链参考方向相关联时,根据楞次定律,得

$$e = -\frac{\mathrm{d}\Psi}{\mathrm{d}t} = -L\frac{\mathrm{d}i}{\mathrm{d}t} \tag{1-23}$$

所以自感电压为

$$u = -e = \frac{\mathrm{d}\Psi}{\mathrm{d}t} = L\frac{\mathrm{d}i}{\mathrm{d}t} \tag{1-24}$$

式(1-24)就是电感元件的电压、电流关系。可知,任何时刻,同一电感元件上的电压与电流的变化率成正比。电流变化快,自感电压高,电流变化慢,自感电压小,当电流不随时间变化时,即直流电路中,则自感电压为零,这时电感元件相当于短路。对于不同的电感元件,

自感电压的大小还与线圈的形状、尺寸、匝数及线圈中介质情况有关。

3. 电感元件的能量

在关联参考方向下，电感元件吸收的功率为

$$p = ui = Li\frac{\mathrm{d}i}{\mathrm{d}t} \tag{1-25}$$

在 $\mathrm{d}t$ 时间内，电感元件磁场中的能量增量为 $\mathrm{d}w = p\mathrm{d}t = Li\mathrm{d}i$，电流为零时磁场也为零，无磁场能量。当电流由 0 增大到 i 时，电感元件储存的磁场能量为

$$W_L = \int_0^i Li\mathrm{d}i = \frac{1}{2}Li^2 \tag{1-26}$$

可以看出，磁场能量只与最终的电流值有关，而与电流建立过程无关。即电感元件在一段时间内储存的能量与其电流的平方成正比。当电流增大时，电源向电感元件提供的能量增加，并转换为磁场能量储存在电感元件中；若电流减小，则磁场能量减小，电感元件将释放磁场的能量，转换为其他形式的能量（如以电能形式将能量交还给电源，或以热能形式消耗于电阻元件上，等等）。所以电感元件和电容元件一样，也是一种储能元件，它以磁场能量的形式储能。同时电感元件也不会释放出多于它吸收或储存的能量，因此它也是一个无源元件。实际中，电感元件的参数通常直接标注在电感器上。

4. 常用电感元件的外形和特点

电感元件可分为固定和可调两大类。按导磁性质可分为空芯、磁芯和铜芯等；按用途可分为高频扼流、低频扼流、调谐等；按结构特点可分为单层、多层等。

电感特性

常用电感元件的外形和特点见表 1-4。

表 1-4　　　　　　　　　　常用电感元件的外形和特点

电感名称	实物图	特　点
单层螺旋管线圈	① ② ③	①密绕法简单，容易制作，但体积大，分布电容大 ②间绕法具有较高的品质因数和稳定度 ③脱胎绕法分布电容小，具有较高的品质因数，改变线圈的间距可以改变电感量
固定电感		这种电感是将铜线绕在磁芯上，再用环氧树脂或塑料封装而成。在电路中用于滤波、陷波、扼流、振荡、延迟等
可调电感线圈	磁芯	在线圈中插入磁芯或铜芯，改变磁芯在线圈中的位置就可以达到改变电感量的目的
扼流线圈	① ②	①高频扼流线圈用在高频电路中以阻碍高频电流的通过。在电路中，高频扼流线圈常与电容串联组成滤波电路，起到分开高频和低频信号的作用 ②低频扼流线圈又称滤波线圈，一般由铁芯和绕组等构成。低频扼流线圈常与电容器组成滤波电路，以滤除整流后残存的交流成分

▼ 练一练

恒定电流 $I=2$ A，从 $t=0$ 时对 $C=2$ μF 的电容充电。问：在 $t=10$ s 时储能是多少？ $t=50$ s 时储能又是多少？设电压初始值为 0。

1.4 电 源

案例导入

蓄电池是一种常见的电源，它多用于汽车、电力机车、应急灯等。如图 1-24 所示为蓄电池及汽车照明电路。

(a)蓄电池　　　　　(b)汽车照明电路

图 1-24　蓄电池及汽车照明电路

在组成电路的各种元件中，电源是提供电能的元件，常称为有源元件。发电机、干电池等都是实际中经常见到的电源。独立电源是实际电源的理想化模型，根据实际电源工作时的外特性，一般将独立电源分为电压源、电流源两种。有别于独立电源的是受控电源。

1.4.1 电压源

1.实际电压源

实际电压源如大型电网、直流稳压电源、新的干电池及信号源等，内阻通常很小，在电路中工作时，端电压基本不随外电路的变化而变化。如图 1-25 所示为电池及其外特性，当电路中负载变化时，流经电池的电流发生变化，随着电流的增大（负载电阻值减小），电池的端电压减小，但电压值减小很少。这表明电池本身的内阻很小，消耗的电能也很少。这类电源常用电源的电动势与电源内阻的串联电路等效表示，如图 1-26 所示。实际电压源端电压与电流的关系为

$$u=u_{\mathrm{S}}-R_{\mathrm{S}}i$$

(1-27)

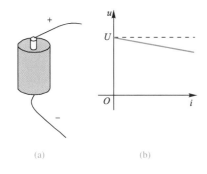

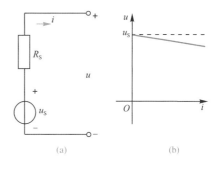

图 1-25　电池及其外特性　　　　　　　　图 1-26　实际电压源模型及伏安特性

2. 理想电压源

当电压源内阻远远小于外电路电阻值时,可以认为内阻为零,端电压不随电流变化。相应地建立理想电压源模型:理想电压源是一种理想的二端元件,元件的电压与通过的电流无关,总保持某给定的数值或给定的时间函数,即 $u(t)=u_S(t)$。常将理想电压源简称为电压源。常见的直流电压源 $U_S(t)$ 是一个常数;正弦交流电压源 $u_S(t)$ 是一个随时间做正弦变化的函数。理想电压源的电路符号如图 1-27(a)所示。当理想电压源为直流电压源时,常用图 1-27(b)表示,其中电源的电动势用 U_S 表示。

如图 1-28(a)所示为理想电压源与外电路连接时的情况;如图 1-28(b)所示为理想电压源的伏安特性曲线,是一条与 i 轴平行且纵坐标为 u_S 的直线。可以看出,理想电压源输出电压和所连接的电路无关,独立于电路之外,所以称为独立电源。对应于某一时刻,理想电压源流过的电流的大小与方向由与它连接的外部电路确定。

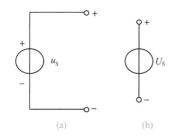

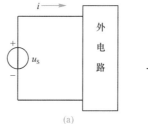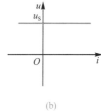

图 1-27　理想电压源的电路符号　　　　　　图 1-28　理想电压源的伏安特性

通常电压源的电压和通过电压源的电流取非关联参考方向(这样外电路电压与电流取关联参考方向),此时电压源发出的功率为 $p(t)=u_S(t)i(t)$,此功率也是外电路吸收的功率。

电压源不接外电路时,电流总为零,这种情况称为"电压源处于开路"。当 $u_S=0$ 时,电压源的伏安特性曲线为 Oiu 坐标系的 i 轴,输出电压等于零,这种情况相当于"电压源处于短路",在实际中是不允许发生的。

 1.4.2　电流源

1. 实际电流源

实际电流源如光电池、交流电流互感器等,在电路中工作时,电流源发出的电流基本不随外电路的变化而变化。如图 1-29 所示为光电池外特性,当有一定强度的光线照射时,光电池将被激发产生一定值的电流,此电流与光照强度成正比,而与它两端的电压无关。这类电源常用电源发出的电流与电源内阻的并联电路等效表示,如图 1-30 所示。实际电流源端电压与电流的关系为

$$i = i_S - \frac{u}{R_S}$$

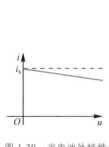

图 1-29　光电池外特性

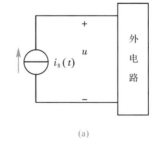

图 1-30　实际电流源的伏安特性

2. 理想电流源

当电流源内阻远远大于外电路电阻值时,可以认为流经电流源内阻支路的电流等于零,电流源发出的电流不随端电压变化。相应地建立理想电流源模型:理想电流源是一种理想的二端元件,元件的电流与它的电压无关,总保持某给定的数值或给定的时间函数,即 $i(t) = i_S(t)$。常将理想电流源简称为电流源。与电压源类似,直流电流源 $I_S(t)$ 是一个常数;正弦交流电流源 $i_S(t)$ 是一个随时间做正弦变化的函数。理想电流源的电路符号如图 1-31(a) 所示。直流电流源常用图 1-31(b) 表示,I_S 表示直流电流。

如图 1-32(a) 所示为理想电流源与外电路连接时的情况;如图 1-32(b) 所示为理想电流源的伏安特性曲线,是一条与 u 轴平行且横坐标为 i_S 的直线。可以看出,理想电流源输出电流和所连接的电路无关,独立于电路之外,所以称为独立电源。对应于某一时刻,理想电流源两端的电压的大小和极性由与它连接的外部电路确定。

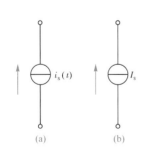

图 1-31　理想电流源的电路符号

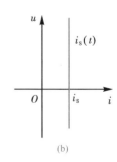

图 1-32　理想电流源的伏安特性

与电压源相同,电流源的端电压和发出的电流取非关联参考方向,此时电流源发出的功率为 $p(t) = u(t)i_S(t)$,此功率也是外电路吸收的功率。

电流源两端短路时,端电压为零,$i = i_S$,即电流源的电流为短路电流。当 $i_S = 0$ 时,电流源的伏安特性曲线为 Oiu 坐标系的 u 轴,这种情况相当于"电流源处于开路",在实际中是没有意义的,也是不允许的。

一个实际电源在电路分析中,可以用电压源与电阻串联电路或电流源与电阻并联电路的模型表示,采用哪一种计算模型,依计算繁简程度而定。

 ### 1.4.3　受控电源

1.定义和分类

当电路不能只用独立电源和电阻等元件组成的模型表示时,要引入新的理想电路元件——受控电源。例如,电子管的输出电压受输入电压的控制,晶体管集电极电流受基极电流控制,这类电路器件都可以用受控电源描述其工作性能。

受控电源主要用来表示电路内不同支路物理量之间的控制关系,将控制支路和被控制支路耦合起来,使两个支路中的电压和电流保持一定的数学关系,即受控电源的电压或电流受某一支路电压或电流的控制,是非独立的,故称为受控电源。受控电源是一个二端元件,由一对输入端钮施加控制量,称为输入端口;一对输出端钮对外提供电压或电流,称为输出端口。

按照受控变量与控制变量的不同组合,受控电源可分为四类,即电压控制电压源(VCVS)、电压控制电流源(VCCS)、电流控制电压源(CCVS)和电流控制电流源(CCCS)。

2.电路符号及特性

为区别于独立电源,用菱形符号表示受控电源,以 u_1、i_1 表示控制电压、控制电流,μ、g、r、β 分别表示有关的控制系数,则四种受控电源的电路符号如图 1-33 所示。

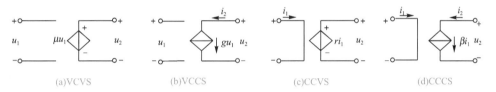

(a)VCVS　　　　(b)VCCS　　　　(c)CCVS　　　　(d)CCCS

图 1-33　四种受控电源的电路符号

四种受控电源的特性分别表示为

$$\text{VCVS}\quad u_2=\mu u_1,\text{VCCS}\quad i_2=gu_1$$
$$\text{CCVS}\quad u_2=ri_1,\text{CCCS}\quad i_2=\beta i_1$$

式中,μ、g 是量纲为"1"的量;r、β 为电阻和电导的量纲。当这些量为常数时,被控制量和控制量成正比,这种受控电源称为线性受控电源。由图1-33可以看出,当控制量为电压时,输入电流为零,相当于输入端口内部开路,如图 1-33(a)、图 1-33(c) 所示;当控制量为电流时,输入电压为零,相当于输入端口内部短路,如图 1-33(b)、图 1-33(d) 所示。

独立电源的特性是不受电路中其他部分的电压或电流控制的,而且能独立地向电路提供能量和信号并产生相应的响应。受控电源与独立电源的性质不同,受控电源在电路中虽然也能提供能量和功率,但其提供的能量和功率不但取决于受控支路,而且还受到控制支路的影响。当电路中不存在独立电源时,不能为控制支路提供电压和电流,于是控制量为零,受控电源的电压和电流也为零,所以受控电源不能作为电路独立的激励。

由以上各种表征受控电源的公式可见,它们都是以电压或电流为变量的代数方程。从这个意义来说,受控电源也可以看作二端电阻元件,所以电阻电路也包含受控电源在内。在求解具有受控电源的电路时,可以把受控电压(电流)源作为电压(电流)源处理,但是要注意电源输出的电压(电流)的控制关系。

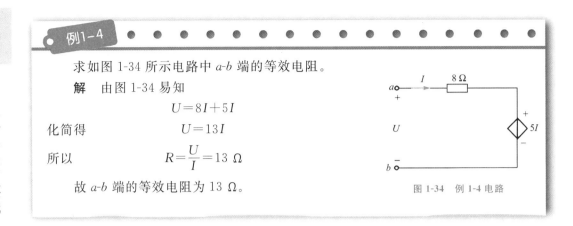

例1-4

求如图 1-34 所示电路中 a-b 端的等效电阻。

解 由图 1-34 易知

$$U = 8I + 5I$$

化简得

$$U = 13I$$

所以

$$R = \frac{U}{I} = 13 \ \Omega$$

故 a-b 端的等效电阻为 13 Ω。

图 1-34 例 1-4 电路

▼ 练一练

受控电源有几种？输出端与输入端有什么样的控制关系？

1.5 基尔霍夫定律

只含有一个电源的串并联电路的电流、电压等的计算可以根据欧姆定律求出,但含有两个以上电源的电路,或者电阻特殊连接构成的复杂电路的计算,仅靠欧姆定律则解决不了根本的问题,必须使用本节讲解的基尔霍夫定律。它是适用于任何电路的一般规律,包括电流定律和电压定律。

1.5.1 一些有关的电路术语

1. 串联和并联

一些二端元件或部分电路成串相连、中间没有分支时称为串联;一些二端元件或部分电路的两个端钮分别连在一起时称为并联。如图 1-35 所示的电路中,元件 1、7、6 为串联,元件 4、5 为串联,元件 2、3 为串联,3 个串联的部分又构成了并联的结构。在串联电路中,各部分电路中通过同一电流,即电流的唯一性是串联电路的特点;在并联电路中,各并联部分连接在相同的端钮上,承受同一电压作用,即电压的唯一性是并联电路的特点。

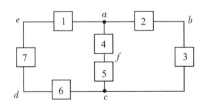

图 1-35 电路术语说明

2. 支路和节点

从前面的讨论知道电路是由若干电路元件互相连接起来,且电流能在其中流通的整体。一般地,把每个二端元件称为一条支路,电路中两条或两条以上支路的连接点称为节点。如图 1-35 所示的电路包含 7 个二端元件,这样该电路就有 7 条支路和 6 个节点。

支路还有引申的定义,在电路分析中,常把几个元件互相串接组成的二端电路称为支路,3 条或 3 条以上支路的连接点称为节点。按此定义,图 1-35 中有 3 条支路(元件 1、7、6 为一条支路,元件 4、5 为一条支路,元件 2、3 为一条支路)和 2 个节点(a、c),而 b、d、e、f 不再作为节点。在电路图中,支路的连接处以小圆点表示。如图 1-36 所示的两条互相交叉的支路 ac、bd 实际不连接,因此交叉处不是节点,不用小圆点表示。一般地,节点数用 n 表示,支路数用 b 表示。

流经任意支路的电流称为支路电流,任意支路两端的电压称为支路电压。

3. 回路和网孔

由几条支路构成的封闭路径称为一个回路。例如,在图 1-35 中,闭合路径 $abcfa$、$afcdea$、$abcdea$ 构成 3 个回路;在图 1-36 中,$acda$、$abca$、$abcda$、$abda$、$bcdab$ 构成 5 个回路。由于各支路中的电流一般不同,因此组成回路的各段电路中电流也不相同。

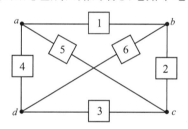

图 1-36　不连接交叉电路表示法

网孔是回路的一种,是针对平面电路而言的。所谓平面电路,就是电路图上无不连接的交叉点的电路。如图 1-35 所示的电路是平面电路,而如图 1-36 所示的电路则不是平面电路。在平面电路中,如果除了组成回路本身的那些支路外,在回路限定区域内不含另外的支路,这样的回路称为网孔。网孔是不能够再分割的最小回路。在如图 1-35 所示的电路中,$abcfa$、$afcdea$ 两个回路是网孔,而回路 $abcdea$ 不是网孔。

1.5.2　基尔霍夫定律介绍

哲思课堂 2

1. 基尔霍夫电流定律

基尔霍夫电流定律(英文缩写为 KCL)用来反映电路中任意节点上各支路电流之间关系。它表述为对于电路中的任意节点,在任意时刻,流出节点的电流之和等于流入节点的电流之和。

按照电流的参考方向,若规定流出节点的电流取“＋”号,流入节点的电流取“－”号,则基尔霍夫电流定律可以表述为对于电路中的任意节点,在任意时刻,流出和流入节点的各支路电流的代数和等于零。当然也可以做相反方向正负的规定,其结果是等效的。

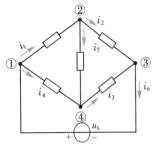

图 1-37 KCL 应用于电路

其数学表示式为

$$\sum i = 0 \tag{1-28}$$

式中,取和是对于连接于该节点上的所有支路电流进行的。例如,对于图 1-37 所示电路的 4 个节点,KCL 方程分别为

节点① $\quad i_1 + i_4 - i_6 = 0$

节点② $\quad -i_1 + i_2 + i_5 = 0$

节点③ $\quad -i_2 - i_3 + i_6 = 0$

节点④ $\quad i_3 - i_4 - i_5 = 0$

基尔霍夫电流定律可以推广到用一个闭合曲面包围的电路。

在图 1-38 中,虚线表示闭合曲面与纸平面的相交线(闭合曲线),该曲面包围的电路 N_1 由支路 1、支路 2 和支路 3 与电路的其余部分连接,将式(1-28)应用于此闭合面,规定流出此面的电流在代数和中取正("+")号,流入此面的电流取负("−")号。则可以写出

$$i_1 + i_2 + i_3 = 0$$

可以把节点视为闭合曲面趋于无限小的极限情况。这样,基尔霍夫电流定律可以表述为如下更普遍的形式:对于任意电路,在任意时刻,流出包围部分电路的任意闭合曲面的各支路电流代数和等于零。

基尔霍夫电流定律仅仅涉及支路的电流,与电路元件的性质无关。物理上,基尔霍夫电流定律是电荷守恒原理在电路中的反映。

对于如图 1-39 所示的电路,两部分电路之间仅通过一根导线连接,根据基尔霍夫电流定律,流过导线的电流等于零。这说明只有在闭合的路径中才可能有电流通过。

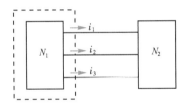

图 1-38 KCL 应用于闭合曲面

图 1-39 一条导线连接的两部分电路

在列写 KCL 方程时,必须先指定各支路电流的参考方向,并在图上明确标出,才能根据电流是流出或流入节点来确定它们在代数和中取"+"号或"−"号。

2. 基尔霍夫电压定律

基尔霍夫电压定律(英文缩写为 KVL)用来反映电路中任意回路内各支路电压之间关系。它表述为在任意时刻,沿任意回路内的各支路电压的代数和等于零。其数学表示式为

$$\sum u = 0 \tag{1-29}$$

基尔霍夫电压定律是电压与路径无关这一性质在电路中的体现。正是由于电路中在任意时刻,从任意节点出发经不同的路径到达另外一个节点的电压相同,才有式(1-29)成立。

为正确列写 KVL 方程,首先要给定各支路电压参考方向。其次必须指定回路的绕行方向。当支路电压的参考方向与回路的绕行方向一致时,该电压前取"+"号;相反时,取"−"号。回路的绕行方向用带箭头的虚线表示。

对于如图 1-40 所示电路,标定各支路电压参考方向与回路绕行方向,于是回路 I 与回路 II 的 KVL 方程分别为

$$u_1 + u_4 - u_6 - u_3 = 0$$
$$u_2 + u_5 - u_7 - u_4 = 0$$

若对以上方程做适当移项,有

$$u_1 + u_4 = u_3 + u_6$$
$$u_2 + u_5 = u_4 + u_7$$

对照电路可知,方程左边的各项相对于回路的绕行方向为电压降,右边各项则为电压升。因此,基尔霍夫电压定律还可表述为在任意时刻,沿回路各支路电压降的和等于电压升的和。基尔霍夫电压定律也与电路元件的性质无关。

据基尔霍夫电压定律的物理本质可以说明,该定律可以推广到虚拟回路。例如在图 1-41 中,可以假想回路 $acba$,其中的 a、b 端并未绘出支路。对此回路沿图示方向,从 a 点出发,顺时针绕行一周,按图中规定的参考方向有

$$u_1 - u_2 - u = 0$$

移项得到

$$u_{ab} = u = u_1 - u_2$$

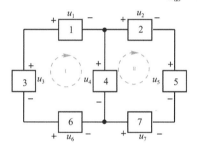

图 1-40 KVL 应用于电路

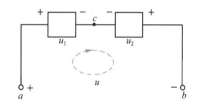

图 1-41 KVL 应用于虚拟回路

应用 KVL 时,回路的绕行方向是任意设定的。一经设定,回路中各支路电压前的正、负号也随之确定。即凡与绕行方向一致者取正号,不一致者取负号。

注意:KCL 规定了电路中任一节点的电流必须服从的约束关系,KVL 规定了电路中任一回路的电压必须服从的约束关系。这两个定律仅与元件的相互连接方式有关,而与元件的性质无关,所以这种约束称为拓扑约束。不论元件是线性还是非线性的,电流、电压是直流还是交流的,KCL 和 KVL 总是成立的。

1.5.3 基尔霍夫定律的应用步骤

应用基尔霍夫定律分析电路问题一般采用如下步骤:
(1)假设各支路电流参考方向,写出 KCL 方程。
(2)规定回路绕行方向,写出 KVL 方程。
(3)求解 KCL、KVL 联立方程组。

基尔霍夫定律中
电流、电压的测试

电路基础与实践

例1-5

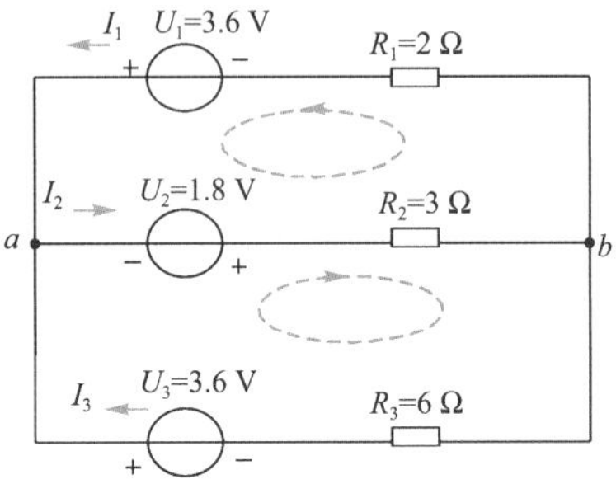

如图 1-42 所示电路由三个电源及电阻组成,求各支路电流。

解 标定各支路电流参考方向,应用 KCL 写出节点电流方程为

对节点 a $-I_1+I_2-I_3=0$ ①

对节点 b $I_1-I_2+I_3=0$ ②

显然两个方程相同,因此仅有一个节点电流方程。

图 1-42 例 1-5 电路

标定回路绕行参考方向,应用 KVL 写出回路电压方程为

$$R_1I_1-U_1-U_2+R_2I_2=0$$

$$R_3I_3-U_3-U_2+R_2I_2=0$$

代入数据得

$$2I_1-3.6-1.8+3I_2=0$$

$$6I_3-3.6-1.8+3I_2=0$$

即 $2I_1+3I_2=5.4$ ③

      $6I_3+3I_2=5.4$ ④

式③、式④与式①联立求解,得

$$I_1=0.9\ \text{A},\ I_2=1.2\ \text{A},\ I_3=0.3\ \text{A}$$

练一练

电路如图 1-43 所示。

(1)指出节点数和支路数各等于多少。

(2)确定各支路电流参考方向,并写出所有节点的 KCL 方程。

(3)以网孔为回路,写出相应的 KVL 方程。

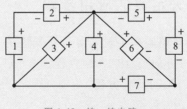

图 1-43 练一练电路

项目实施

【实施器材】

(1)电源、导线、元件、开关若干。

(2)电流表、电压表、万用表。

电流电压的测量　电功率电能的测量　电阻标称值的测试

【实施步骤】

(1)学习项目要求的相关知识。

(2)连接一个具有三个回路的实际电路,检查无误后,通电测试。

(3)利用电流表、电压表、万用表,在线测量各物理量。

(4)利用基尔霍夫定律计算得到结果,并与实际测得数据比较。

(5)对电阻、电容、电感元件进行识读、检测。

电压源电流源的测试　　　　电位的测试

【实训报告】

实训报告内容包括实施目标、实施器材、实施步骤、测量数据、比较数据及总结体会。

知识归纳

1.电路

电路是由各种电气器件按一定方式连接起来的集合体,为电流的流通提供了路径。电路的基本组成包括电源、中间环节、负载三个部分。电路有通路、开路和短路三种状态。

2.电流

在电场力作用下,电荷沿着导体定向运动形成电流。电流的方向规定为正电荷运动的方向或负电荷运动的反方向。其大小等于在单位时间内通过导体横截面的电量,称为电流强度(简称电流)。电流的参考方向是任意假定的。在电路分析中,引入参考方向以后,电流是个代数量。

3.电压

电压是指电路中两点 A、B 之间电位差。其大小等于单位时间内正电荷受到电场力作用从 A 点移动到 B 点所做的功,电压的方向规定为从高电位指向低电位的方向。电压的参考方向是任意假定的。在电路分析中,引入参考方向以后,电压是个代数量。

4.电阻

(1)电阻元件是对电流呈现阻碍作用的耗能元件。电阻定律为 $R=\rho\dfrac{l}{S}$。电阻元件的电阻值一般与温度有关。衡量电阻受温度影响大小的物理量是电阻温度系数 α,即 $R_2=R_1[1+\alpha(t_2-t_1)]$。

(2)电阻元件的伏安特性关系服从欧姆定律,即 $u=Ri$ 或 $i=Gu$。其中,电阻 R 的倒数 G 称为电导,其国际单位为西门子(S)。

5. 电功率

负载电阻所消耗的功率为

$$p = ui \text{ 或 } p = Ri^2 = \frac{u^2}{R}$$

6. 理想电路元件电压与电流的关系

表 1-5 理想电路元件电压与电流的关系

元 件	电压与电流的关系（关联参考方向）
电阻元件	$u_R = Ri_R$
电容元件	$i = C\dfrac{\mathrm{d}u}{\mathrm{d}t}$
电感元件	$u = L\dfrac{\mathrm{d}i}{\mathrm{d}t}$
直流电压源	电压源两端电压 U 不变，通过的电流可以改变，由外电路决定
直流电流源	电流源流出的电流 I 不变，电流源两端电压可以改变，由外电路决定
受控电源	电压源的电压和电流源的电流，是受电路中其他部分的电流或电压控制的，这种电源称为受控电源。所谓理想受控电源，就是它的控制端（输入端）和受控端（输出端）都是理想的。在受控端，对受控电压源，其输出端电阻为零，输出电压恒定；对受控电流源，其输出端电阻为无穷大，输出电流恒定。这点和理想的独立电压源、电流源相同

7. 基尔霍夫定律

（1）电流定律

在任何时刻，电路中任一个节点上的各支路电流代数和恒等于零，即 $\sum i = 0$。在使用电流定律时，必须注意：先假设电流的参考方向，在图上明确标示出来，然后再按 KCL 的规定列方程。流入节点和流出节点一律以参考方向为准。

（2）电压定律

在任意时刻，沿任意回路内的各支路电压的代数和等于零，即 $\sum u = 0$。在使用电压定律时，必须注意：先假设电压的参考方向，在图上明确标示出来，然后再按 KVL 的规定列方程。支路电压取正号还是负号，一律以参考方向为准。

巩固练习

1-1 一个二端元件，电流参考方向如图 1-44 所示，已知 $i = 10\sin 2\pi t$ A。请指出当 $t = 0$、0.25 s、0.5 s、1 s 时，电流的大小及实际方向。

1-2 标定各元件的电压参考方向如图 1-45 所示。已知 $U_1 = 10$ V，$U_2 = 5$ V，$U_3 = -20$ V。求 U_{ab}，并指出哪点的电位高。

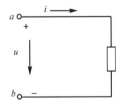

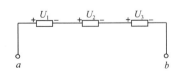

图 1-44 巩固练习 1-1 图　　　　图 1-45 巩固练习 1-2 图

1-3 电压、电流的参考方向如图 1-46 所示，实验测得数据如下：$I_1 = I_4 = -4$ A，$I_2 = I_3 = I_5 = 2$ A，$U_1 = U_2 = 50$ V，$U_3 = -30$ V，$U_4 = -20$ V，$U_5 = 15$ V，$U_6 = 5$ V。

(1)标出各电流、电压的实际方向。

(2)计算各元件的功率，并指出哪些是负载，哪些是电源。

1-4 一个电阻元件，电流、电压的参考方向如图1-47(a)所示，$R=10\ \Omega$。

(1)写出 u、i 的约束方程。

(2)若 $i=20\sin(2t+\dfrac{\pi}{3})$ A，写出电压 u 的表达式。

(3)若 i-t 关系曲线如图 1-47(b)所示，绘出 u-t 关系曲线。

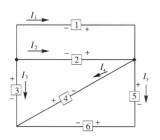
图 1-46　巩固练习 1-3 图

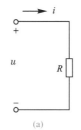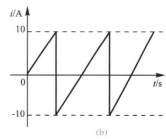
图 1-47　巩固练习 1-4 图

1-5 有一个电阻值为 200 Ω、功率为 0.5 W 的碳膜电阻，使用时允许通过的最大电流是多少？

1-6 电容元件如图 1-48(a)所示。

(1)若 $u=220\sin(314t+\dfrac{\pi}{3})$ V，$C=4\ \mu$F，写出电流 i 的表达式。

(2)电压 u 的波形如图 1-48(b)所示，求电流 i。

1-7 如图 1-49(a)、图 1-49(b)所示电路，电容器容值均为 5 μF，分别求等效电容 C_{ab}。

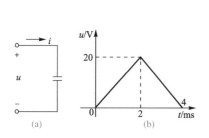
图 1-48　巩固练习 1-6 图

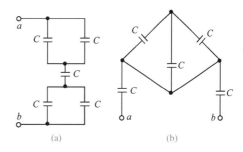
图 1-49　巩固练习 1-7 图

1-8 如图 1-50 所示电路，已知电容值 $C_1=2\ \mu$F，$C_2=5\ \mu$F，端电压为 10 V，求电容器极板上的电荷量 q_1、q_2。

1-9 如图 1-51 所示电路，已知 $C_1=2\ \mu$F，$C_2=4\ \mu$F，$U=8$ V，求 U_1、U_2 及 q_1、q_2。

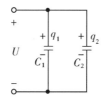
图 1-50　巩固练习 1-8 图

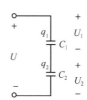
图 1-51　巩固练习 1-9 图

1-10 一个电感线圈 $L=20$ mH。

(1)$i=20\sin(2t+\dfrac{\pi}{3})$ A,求电感线圈的端电压。

(2)若 i-t 图线如图 1-47(b)所示,绘出 u-t 图线。

1-11 如图 1-52 所示电路,写出 u 的表达式。

1-12 测量电源电动势的电路如图 1-53 所示,已知 $R_1=30$ Ω,$R_2=100$ Ω。当开关 K_1 闭合、K_2 打开时,电流表的读数为 20 mA;当开关 K_1 打开、K_2 闭合时,电流表的读数为 10 mA。求电源的电动势 U_S 和内阻 R_0。

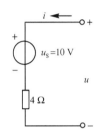

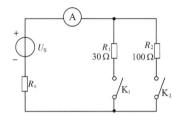

图 1-52 巩固练习 1-11 图   图 1-53 巩固练习 1-12 图

1-13 测量直流电压的电位计如图 1-54 所示,其中 $R=50$ Ω,$U_S=2.5$ V,当调节可变电阻器的滑动触头使 $R_1=55$ Ω、$R_2=45$ Ω 时,检流计中无电流流过。求被测电压 U_x 值。

1-14 一直流电源的端电压为 230 V,内阻为 2 Ω,输出电流为 12 A。求:

(1)电源的电动势。

(2)负载电阻 R_L。

(3)电源提供的功率。

(4)电源内阻消耗的功率。

(5)负载消耗的功率。

1-15 如图 1-55 所示电路,求各支路的电流及端电压。

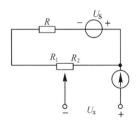

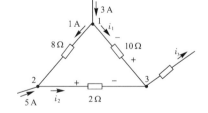

图 1-54 巩固练习 1-13 图   图 1-55 巩固练习 1-15 图

1-16 如图 1-56 所示,两组蓄电池并联供电。求:

(1)各支路电流。

(2)两个电源的输出功率。

1-17 求图 1-57 所示电路的端口电压 U_{AB}。

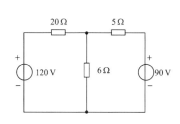

图 1-56 巩固练习 1-16 图

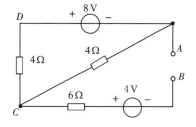

图 1-57 巩固练习 1-17 图

1-18 在如图 1-58 所示电路中,若电流 $I=0$,求电阻元件 R 的值。

1-19 电路如图 1-59 所示,求电压 U_{ab}、U_{ac} 和 U_{ad}。

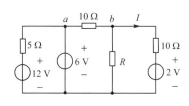

图 1-58 巩固练习 1-18 图

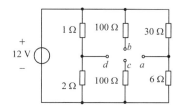

图 1-59 巩固练习 1-19 图

1-20 电路如图 1-60 所示,用 KCL 及 KVL 求支路电流 I_1。

1-21 求如图 1-61 所示电路中的电压 U。

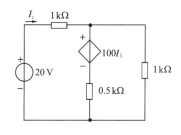

图 1-60 巩固练习 1-20 图

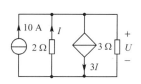

图 1-61 巩固练习 1-21 图

1-22 如图 1-62 所示电路中,已知 $U_S=-23$ V,$U_1=2$ V,求电阻元件 R 中流过的电流 I 及电阻元件 R 的数值。

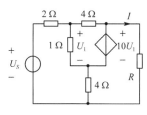

图 1-62 巩固练习 1-22 图

项目 2
了解电路的基本定理及应用

项目要求

掌握电阻电路的等效变换及电源的等效变换;理解支路电流法、网孔电流法、节点电压法,并能利用其分析直流电路;理解叠加定理的适用范围及性质;熟练掌握戴维南定理分析电路的方法;理解最大功率传输问题。

【知识要求】

(1)掌握电阻电路的等效变换。

(2)熟练掌握实际电压源与实际电流源的等效变换。

(3)理解支路电流法、网孔电流法、节点电压法,并能利用其分析直流电路。

(4)理解叠加定理的适用范围及叠加性。

(5)熟练掌握并能灵活应用戴维南定理。

【技能和素质要求】

(1)根据要求能够正确连接电路。

(2)能够利用电流表、电压表、万用表准确测量电路参数。

(3)验证叠加定理、戴维南定理。

(4)刻苦钻研、敢于突破、勇于创新,明白创新、创造、发展的意义。

项目目标

(1)掌握电阻电路的等效变换。

(2)能够熟练完成含源支路的等效变换。

(3)运用支路电流法、网孔电流法、节点电压法分析直流电路。

(4)运用叠加定理、戴维南定理分析直流电路。

2.1 电阻电路的等效变换

由线性无源元件、线性受控电源和独立电源组成的电路称为线性电路。当线性无源元件仅为电阻时,这样的电路称为线性电阻电路,简称电阻电路。当电路中的激励为直流电源时,称为直流电路。

利用等效变换可以把由多个元件组成的电路化简为只有少数几个元件甚至一个元件组成的电路,从而使电路分析得到简化。因此等效变换是很重要的一种电路分析方法。本节介绍电阻电路的等效变换。

哲思课堂3

2.1.1 电路等效变换的概念

1.二端等效电路的概念

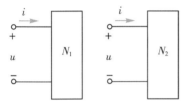

图 2-1 二端等效电路

通常把具有两个引出端钮的电路称为二端电路或二端网络。如果一个二端电路或网络内部除线性电阻以外还含有独立电源,称为有源二端电路或网络;不含独立电源的二端电路或网络称为无源二端电路或网络。如图 2-1 所示,电路 N_1 和 N_2 都通过两个端钮与外部电路相连接,所以 N_1 和 N_2 都为二端电路。N_1 和 N_2 内部的电路不一定相同,但如果它们端口处的电压、电流关系完全相同,从而对连接到其上的同样的外部电路作用效果相同,那么就说这两个二端电路 N_1 和 N_2 是等效的,可以互相替代,则 N_1 和 N_2 称为等效电路或等效网络。

例2-1

图 2-2 所示的两个电路,虽然当它们的外部电路均为开路时有相同的端口电压和端口电流,即 $U=3$ V,$I=0$,但当外部电路短路或为一个相同的电阻时,它们端口处的电压和电流的关系并不相同。如端口间连接一个 $2\ \Omega$ 的电阻,则对于图 2-2(a)所示电路有

$$I_1=\frac{-3\text{ V}}{2\ \Omega+2\ \Omega}=-0.75\text{ A},U_1=-2I_1=1.5\text{ V}$$

对于图 2-2(b)所示电路有

$$I_2=\frac{-3\text{ V}}{2\ \Omega+4\ \Omega}=-0.5\text{ A},U_2=-2I_2=1\text{ V}$$

所以说这两个二端电路是不等效的。

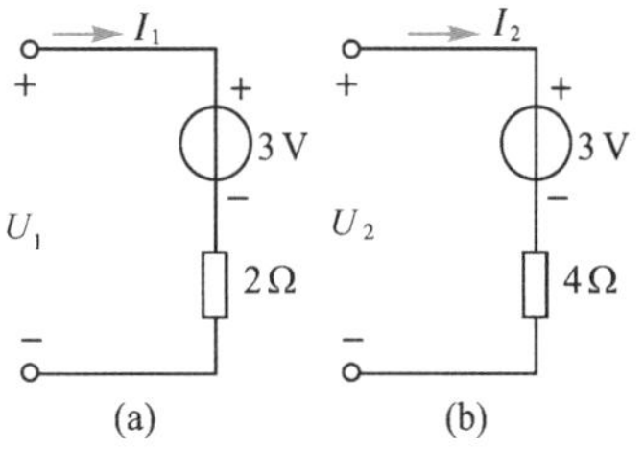

图 2-2 例 2-1 电路

2. 等效变换

在对电路进行分析和计算时,将电路中的某一部分用其等效电路替代,并确保未被替代部分的电压和电流保持不变,这种变换称为等效变换。等效是就端口处的电压与电流的关系而言的。当用等效电路的方法求解电路时,电压和电流保持不变的部分限于等效电路以外,是指对外部电路的作用效果等效,即外部特性的等效。等效电路与被其代替的那部分电路结构是不同的。

等效变换具有传递性。如果二端电路 A 和 B 等效,且 B 和 C 等效,则二端电路 A 和 C 也等效。

2.1.2　电阻的串、并联及等效变换

案例导入

电压表的表头所能测量的最大电压就是其量程,通常它都较小。在测量时,通过表头的电流是不能超过其量程的,否则将损坏电流表。而实际用于测量电压的多量程的电压表(如 C30-V 型磁电系电压表)是由表头与电阻串联的电路组成,如图 2-3 所示。其中,R_g 为表头的内阻,I_g 为流过表头的电流,U_g 为表头两端的电压,R_1、R_2、R_3、R_4 为电压表各挡的分压电阻。对应一个电阻挡位,电压表有一个量程。

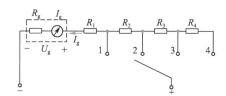

图 2-3　C30-V 型磁电系电压表电路

1. 串联等效电阻及分压公式

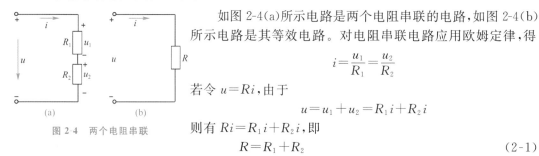

图 2-4　两个电阻串联

如图 2-4(a)所示电路是两个电阻串联的电路,如图 2-4(b)所示电路是其等效电路。对电阻串联电路应用欧姆定律,得

$$i=\frac{u_1}{R_1}=\frac{u_2}{R_2}$$

若令 $u=Ri$,由于

$$u=u_1+u_2=R_1i+R_2i$$

则有 $Ri=R_1i+R_2i$,即

$$R=R_1+R_2 \tag{2-1}$$

式(2-1)中的 R 称为串联电路的等效电阻。在关联参考方向下,不含独立电源的二端电路端电压与端电流的比值称为二端网络的输入电阻。同理可得到 n 个串联电阻的等效电阻为

$$R = R_1+R_2+\cdots+R_n = \sum_{k=1}^{n}R_k \tag{2-2}$$

式(2-2)说明:线性电阻串联的等效电阻等于各元件的电阻之和,也等于该电路在关联参考方向下,端电压与电流的比值。由等效电阻的定义可知,第 k 个元件的端电压为

$$u_k = iR_k = R_k \frac{u}{R} = \frac{R_k}{R}u \tag{2-3}$$

式(2-3)说明:各电阻上的电压是按电阻的大小进行分配的,称为电阻串联电路的分压公式。它说明第 k 个电阻上分配到的电压取决于某个比值,这个比值称为分压比。尤其要说明的是,当其中某个电阻与其他电阻相比很小时,这个小电阻两端的电压也比其他电阻上的电压低很多,因此在工程估算中,小电阻的分压作用就可以忽略不计。

对两个电阻串联的分压公式为

$$U_1 = \frac{R_1}{R_1+R_2}U, U_2 = \frac{R_2}{R_1+R_2}U \tag{2-4}$$

利用电路的分压原理,可以制成多量程电压表。很多电子仪器和设备中,也常采用电阻串联电路从同一电源上获取不同的电压。

例2-2

弧光灯的额定电压为 40 V,正常工作时通过的电流为 5 A。因为普通照明电路电源的额定电压是 220 V,它不能直接接入电路。为此,利用电阻串联电路的分压原理,选取一个电阻 R 与弧光灯串联,使弧光灯上的电压恰好为额定电压 40 V。

这时 R 两端的电压应为

$$U = 220 \text{ V} - 40 \text{ V} = 180 \text{ V}$$

电阻

$$R = \frac{180 \text{ V}}{5 \text{ A}} = 36 \text{ Ω}$$

功率

$$P = UI = 5 \text{ A} \times 180 \text{ V} = 900 \text{ W}$$

可见,给弧光灯串联一个 900 W、36 Ω 的电阻,即可接入 220 V 电路中。

例2-3

一量程为 U_1 的电压表,其内阻为 R_g。欲将其电压量程扩大到 U_2,可以采用串联分压电阻的方法,如图 2-5 所示。由于电压表的量程是指它的最大可测量电压,因此当电压表的指针满偏时,电压表内阻上只能承受 U_1 电压,其余 (U_2-U_1) 的电压将落在分压电阻 R 上,即

$$U_1 = R_g I, U_2 - U_1 = RI$$

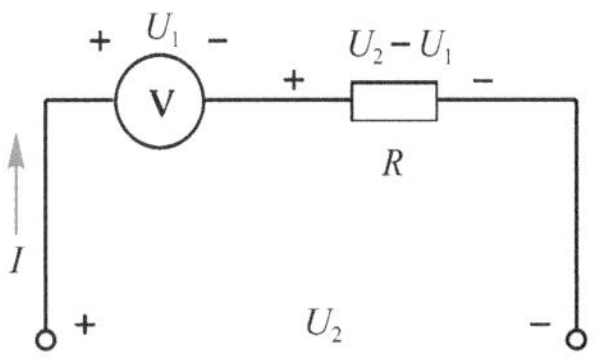

所以

$$R = \frac{U_2-U_1}{I} = \frac{U_2-U_1}{U_1}R_g$$

图 2-5 例 2-3 电路

通常把这里的串联电阻称为扩程电阻。它一方面分担了原电压表所不能承受的那部分电压,另一方面还使扩程后的电压表具有较大的内阻,从而减小了对被测电路的影响。

2. 并联等效电阻及分流公式

如图 2-6(a)所示电路是两个电阻并联的电路。

若令 $u=iR$,对电阻并联电路应用欧姆定律,得

$$u=Ri=R_1i_1=R_2i_2$$

所以

$$i=i_1+i_2=\frac{u}{R_1}+\frac{u}{R_2}$$

电阻的串联　电阻的并联

令 $i=\dfrac{u}{R}$,则有

$$\frac{1}{R}=\frac{1}{R_1}+\frac{1}{R_2} \tag{2-5}$$

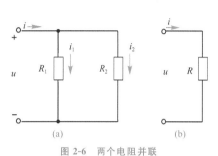

(a) (b)

图 2-6　两个电阻并联

即图 2-6(a)中两个并联电阻可用图 2-6(b)中的一个等效电阻来代替。它等于该电路在关联参考方向下,端电压与端电流的比值。等效电阻的倒数等于两个并联电阻的电阻值倒数之和。同理可得到 n 个并联电阻的等效电阻的倒数为

$$\frac{1}{R}=\frac{1}{R_1}+\cdots+\frac{1}{R_n}=\sum_{k=1}^{n}\frac{1}{R_k} \tag{2-6}$$

式(2-6)说明:线性电阻并联的等效电阻的倒数等于各元件的电阻倒数之和;等效电阻等于该电路在关联参考方向下,端电压与电流的比值。

两个电阻并联的分流公式为

$$i_1=\frac{R_2}{R_1+R_2}i \tag{2-7}$$

$$i_2=\frac{R_1}{R_1+R_2}i \tag{2-8}$$

利用电路的分流原理,可做成多量程的电流表。

例2-4

如图 2-7 所示,为了扩大量程为 I_g、内阻为 R_g 的电流表的量程,可以在表头的两端并联一个分流电阻 R。当电流表满量程时,设其流过的电流是 I,则由分流公式得

$$I=\frac{R_g}{R+R_g}I_o=I_o-I_g$$

所以

$$R=\frac{R_gI_o}{I_o-I_g}-R_g=\frac{R_gI_g}{I_o-I_g}$$

如将一块量程是 $100\ \mu A$、内阻是 $1\ k\Omega$ 的微安表,扩程为 $10\ mA$ 的电流表,其并联的分流电阻的电阻值为

$$R=\frac{1\times10^3\ \Omega\times100\times10^{-6}\ A}{10\times10^{-3}\ A-100\times10^{-6}\ A}=10.10\ \Omega$$

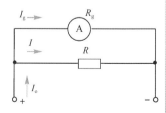

图 2-7　例 2-4 电路

3. 混联等效电阻

混联连接也称为串-并联连接，是由串联元件和并联元件组合而成的电路。这种连接方式在实际中应用广泛，形式多样。由于电路的串联部分具有串联电路的特性，并联部分具有并联电路的特性，因此可以运用线性电阻元件串联和并联的规律，围绕指定的端口逐步化简原电路，求解二端电路的等效电阻以及电路中各部分的电压、电流等问题。

如图 2-8 所示为线性电阻元件混联的一个例子。从 a-b 端口看，R_1 和 R_2 并联后与 R_3 串联，然后与 R_4 和 R_5 的并联电路再并联在一起。R_1、R_2、R_3 连接的等效电阻为

$$R' = \frac{R_1 R_2}{R_1 + R_2} + R_3 \tag{2-9}$$

a-b 端口的等效电阻为

$$R = \frac{1}{\dfrac{1}{R'} + \dfrac{1}{R_4} + \dfrac{1}{R_5}} = \frac{R' R_4 R_5}{R' R_4 + R' R_5 + R_4 R_5} \tag{2-10}$$

电阻元件之间的连接关系与所讨论的端口有关。例如在图 2-8 所示的电路中，对 a-c 端口而言，串并联关系为 R_4 和 R_5 并联后与 R_3 串联，然后与 R_1 和 R_2 的并联电路再并接在一起，与 a-b 端口的串并联关系不同。因此等效变换时，必须明确待求端口。

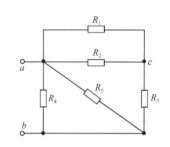

图 2-8　线性电阻混联实例

在电阻的混联电路中，对于给定的端口，若已知电压或电流，欲求电阻的电压和电流，其求解步骤如下：

(1)首先求出串并联二端电阻电路对于端口的等效电阻。

(2)应用欧姆定律求出端口的电路(电压)。

(3)应用电流分配公式和电压分配公式求出电阻的电流和电压。

例2-5

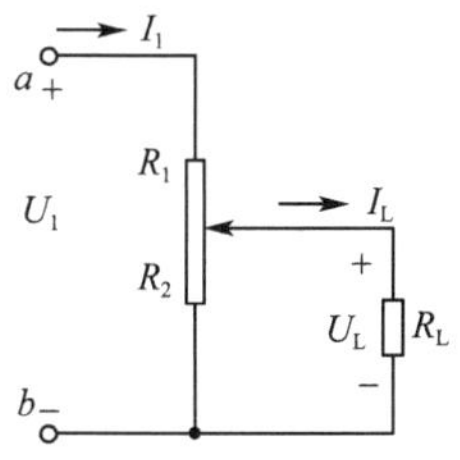

如图 2-9 所示电路，滑线变阻器接成分压电路，用于调节负载 R_L 上的电压。已知滑线变阻器的额定电阻值为 100 Ω，额定电流为 3 A，a-b 端口输入电压 $U_1 = 220$ V，负载电阻 $R_L = 50$ Ω。求：

(1)当 R_2 为 50 Ω 时，输出电压 U_L 是多少？分压器的输入功率、输出功率各是多少？

(2)当电流 I_1 为 3 A 时，R_2 是多少？输出电压 U_L 是多少？

图 2-9　例 2-5 电路

解 从 a-b 端口看电路元件的连接关系为 R_2、R_L 并联后与 R_1 串联,故等效电阻为

$$R_{ab}=\frac{R_2R_L}{R_2+R_L}+R_1$$

由欧姆定律,滑线变阻器 R_1 段流过的电流 I_1 为

$$I_1=\frac{U_1}{R_{ab}}$$

由并联电阻的分流关系可以求得负载上的电流为

$$I_L=\frac{R_2}{R_2+R_L}I_1$$

(1)当 $R_2=50\ \Omega$ 时

$$R_1=100\ \Omega-50\Omega=50\ \Omega$$

$$R_{ab}=\frac{50\ \Omega\times50\ \Omega}{50\ \Omega+50\ \Omega}+50\ \Omega=75\ \Omega$$

$$I_1=\frac{220\ V}{75\ \Omega}=2.93\ A$$

$$I_L=\frac{50\ \Omega}{50\ \Omega+50\ \Omega}\times2.93\ A=1.47\ A$$

输出电压为

$$U_L=R_LI_L=50\ \Omega\times1.47\ A=73.5\ V$$

分压器的输入功率为

$$P_1=I_1U_1=2.93\ A\times220\ V=644.6\ W$$

分压器的输出功率为

$$P_L=R_LI_L^2=50\ \Omega\times(1.47\ A)^2=108.05\ W$$

(2)当 $I_1=3\ A$ 时

$$R_{ab}=\frac{U_1}{I_1}=\frac{220}{3}\Omega$$

所以

$$\frac{220}{3}=R_{ab}=\frac{R_2R_L}{R_2+R_L}+R_1=\frac{50R_2}{50+R_2}+100-R_2$$

则

$$R_2=52.2\ \Omega$$

故

$$I_L=\frac{52.2\ \Omega}{52.2\ \Omega+50\ \Omega}\times3\ A=1.53\ A$$

$$U_L=R_LI_L=50\ \Omega\times1.53\ A=76.5\ V$$

在利用串联和并联规则逐步化简电路的过程中,所论及的两个端钮要始终保留在电路中,一旦清楚了连接关系应随时化简,直至将电路化为最简为止。当元件的参数和连接方式具有某种对称形式时,可以利用等电位点间无电流的特点简化电路。

如图2-10(a)所示的电桥电路,已知 $R_1=R_2=100\ \Omega$, $R_3=R_4=150\ \Omega$,求该电路 a-c 端口的等效电阻 R_{ac}。

解 方法一:在如图2-10(a)所示电路中,由于 $R_1=R_2=100\ \Omega$, $R_3=R_4=150\ \Omega$,根据分压原理可以断定 b、d 两点等电位,电阻 R_5 相当于短路,如图2-10(b)所示。

$$R_{ac}=\frac{R_1R_3}{R_1+R_3}+\frac{R_2R_4}{R_2+R_4}=\frac{100\ \Omega\times150\ \Omega}{100\ \Omega+150\ \Omega}+\frac{100\ \Omega\times150\ \Omega}{100\ \Omega+150\ \Omega}=120\ \Omega$$

方法二:在图2-10(a)电路中,由于电路的对称性,可以断定 b、d 两点等电位,电阻 R_5 无电流流过,相当于开路,如图2-10(c)所示。

$$R_{ac}=\frac{(R_1+R_2)(R_3+R_4)}{R_1+R_2+R_3+R_4}=\frac{(100\ \Omega+100\ \Omega)(150\ \Omega+150\ \Omega)}{100\ \Omega+100\ \Omega+150\ \Omega+150\ \Omega}=120\ \Omega$$

显然两种等效方法计算结果相同。

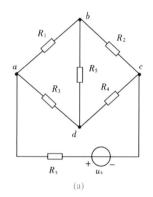 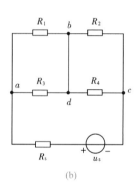 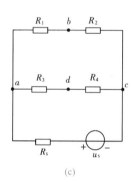

图 2-10 例 2-6 电路

练一练

1. 当日光灯或电炉子的电阻丝烧断后,再将其接起来,日光灯会比原来更亮,电炉子会比原来热得更快,这是为什么?

2. 在实际工程中,某技术员手头只有标称电阻值为 $100\ \Omega$、$\frac{1}{8}\ W$ 的电阻若干,现需要规格为 $200\ \Omega$、$\frac{1}{4}\ W$ 和 $50\ \Omega$、$\frac{1}{4}\ W$ 的电阻,该怎么处理?

2.2　电源等效变换

 2.2.1　两种电源模型的等效变换

一个实际电源可以用电压源与电阻串联组合作为其电路模型,也可以用电流源与电阻并联组合作为其电路模型。两种电源模型等效变换的条件是端口的电压、电流关系完全相同,即当它们对应的端口具有相同的电压时,端口电流必须相等。

在如图 2-11 所示电路中,两种模型对应的端口电压均为 u。等效变换的条件是端口电流相等,即均等于 i。由 KVL 可知电压源模型的端口电压、电流关系为

$$u = u_S - iR_S$$

即

$$i = \frac{u_S}{R_S} - \frac{u}{R_S}$$

由 KCL 可知,电流源模型的端口电压、电流关系为

$$i = i_S - \frac{u}{r_S}$$

因此得到

$$i_S = \frac{u_S}{R_S} \quad , r_S = R_S \tag{2-11}$$

式(2-11)为两种电源等效变换的条件。

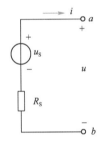 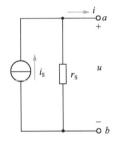

理想电压源的串联　理想电流源的并联

图 2-11　两种电源等效变换

注意:应用式(2-11)时,电压源的电动势 u_S 和电流源的电流 i_S 的参考方向应满足:i_S 的参考方向由 u_S 的负极指向正极。另外,虽然两种模型中的电阻位置不同,但量值相等。

显然,对于外电路,由于两种电源可以互相等效变换,而对外电路不会产生任何影响,因此一个具有内阻的电源有两种模型可供选用。而且如果将电压源与电阻串联组合称为电压源支路,将电流源与电阻并联组合称为电流源支路,则这里的电阻就只限于电源的内阻。

一般情况下,两种电源等效模型内部功率情况不同,但对于外电路,它们吸收或提供的功率总是一样的。

没有串联电阻的电压源和没有并联电阻的电流源之间没有等效的关系。因为电压源的电压电流关系是在任何电流时,其端电压保持定值。没有一个电流源能具有这样的特性,因此找不到与之等效的电流源。对于电流源也是如此。

例2-7

如图 2-12(a)所示电路,利用电源等效变换求支路电流。

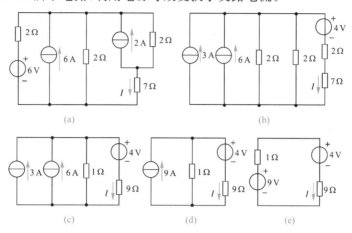

图 2-12 例 2-7 电路

解 首先将电路左端的电压源和电阻串联支路等效变换为电流源和电阻并联的电路,将右端电流源和电阻并联部分等效变换为电压源和电阻串联的电路,等效电路如图 2-12(b)所示。

利用电阻串并联等效变换化简电路,如图 2-12(c)所示。

由 KCL 合并两个电流源,如图 2-12(d)所示。

将电流源和电阻并联部分等效变换为电压源和电阻串联的电路,等效电路如图 2-12(e)所示。

由 KVL 列方程得

$$-9+I+4+9I=0$$

因此求得

$$I=0.5\ \text{A}$$

2.2.2 电压源与二端元件并联的等效电路

由于电压源在电流为任何值时,其端电压保持定值,因此电压源和电阻并联或与电流源并联时的二端电路,就其对于外电路的作用而言,等效于一个电压源。该电压源的电压等于原电路中电压源的电压。

一般地,当一个电压源和一个二端元件并联时,对于外电路,等效于一个电压源。如图 2-13 所示。在进行电路分析时,可将与电压源并联的元件开路,简化电路。

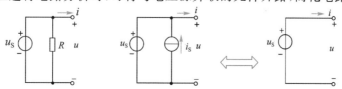

图 2-13 电压源与二端元件并联的等效电路

例2-8

电路如图 2-14(a)所示,求支路电流 I_1、I_2、I_3。

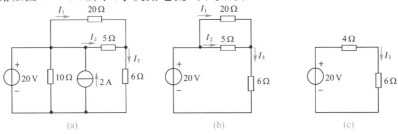

图 2-14 例 2-8 电路

解 由于 10 Ω 电阻元件、2 A 的电流源和 20 V 的电压源并联,且待求量不在这两条支路上,因此可以拿掉它们,得到等效电路如图 2-14(b)所示;利用并联电阻的等效变换,得到等效电路如图 2-14(c)所示。

对于如图 2-14(c)所示电路,由全电路欧姆定律求得

$$I_3 = \frac{20\ \text{V}}{4\ \Omega + 6\ \Omega} = 2\ \text{A}$$

根据并联电阻的分流公式得

$$I_1 = \frac{5\ \Omega}{20\ \Omega + 5\ \Omega} \times 2\ \text{A} = 0.4\ \text{A}$$

$$I_2 = \frac{20\ \Omega}{20\ \Omega + 5\ \Omega} \times 2\ \text{A} = 1.6\ \text{A}$$

2.2.3 电流源与二端元件串联的等效电路

由于电流源在电压为任何值时,其端口电流不随端口电压变化而保持定值,因此电流源与电阻串联或与电压源等二端元件串联时,就其对外电路作用而言,等效于一个电流源。该电流源的电流等于原电路中电流源的电流。

一般地,当一个电流源和一个二端元件串联时,对于外电路,等效于一个电流源。如图 2-15 所示。在进行电路分析时,可将与电流源串联的元件短路,简化电路。

注意: 理想电压源和理想电流源之间没有等效关系。

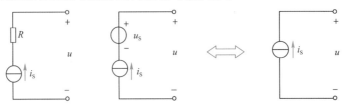

图 2-15 电流源与二端元件串联的等效电路

电路如 2-16(a)所示,求电压 U_{ab}。

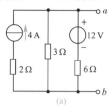 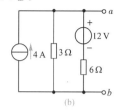 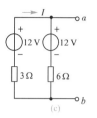

图 2-16　例 2-9 电路

解　首先将与电流源串联的电阻短路,得到等效电路如图 2-16(b)所示;再将电流源与电阻并联支路等效化为电压源和电阻串联支路,得到等效电路如图 2-16(c)所示。

由 KVL 列方程得

$$3I-12+6I+12=0$$

故 $I=0$,所以 $U_{ab}=12$ V。

练一练

1.电路如图 2-17 所示,试分析如下情况时端口 a-b 的等效电阻:(1)K₁ 闭合,K₂、K₃ 打开;(2)K₁、K₂ 闭合,K₃ 打开;(3)K₁、K₃ 闭合,K₂ 打开;(4)K₂、K₃ 闭合,K₁ 打开。

2.对于如图 2-18 所示的电路,求出端口 a-b 的等效电阻。

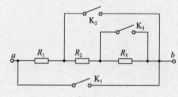 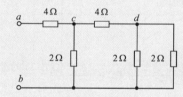

图 2-17　练一练 1 电路　　　　图 2-18　练一练 2 电路

3.如图 2-19 所示,绘出各二端网络的等效电路。

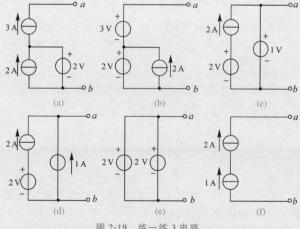

图 2-19　练一练 3 电路

2.3 支路电流法

从这节开始,将介绍几种分析线性电路的一般方法。这些方法采用直接列写电路方程来分析线性电路,并且在列写方程时,一般不改变原电路的形式,而首先选择电路的待求变量(可以选择支路电流、支路电压、网孔电流或节点电压为变量),然后根据 KCL、KVL 建立电路方程,从方程中解出电路变量。

2.3.1 引 例

支路电流法是以支路电流变量为未知量,利用基尔霍夫定律和欧姆定律所决定的两类约束关系,建立数目足够且相互独立的方程组,解出各支路电流,进而再根据电路有关的基本概念求解电路其他响应的一种电路分析计算方法。

为了叙述方便,首先以一个具体的例子,介绍支路电流法分析电路的全过程。

例如,图 2-20 所示电路有 6 条支路、4 个节点,选定的各支路电流的参考方向均标注在图中,且各支路电流变量分别用 i_1、i_2、i_3、i_4、i_5、i_6 表示。

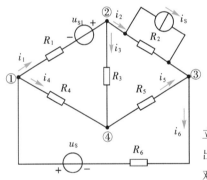

图 2-20 引例电路

由 KCL,可以列写出四个节点电流方程为

节点① $i_1 + i_4 - i_6 = 0$

节点② $-i_1 + i_2 + i_3 = 0$

节点③ $-i_2 - i_5 + i_6 = 0$

节点④ $-i_3 - i_4 + i_5 = 0$

观察上述所列写的 4 个方程可知,它们是相互不独立的,其中任一个方程都可以从其他 3 个方程中推导而出,即这 4 个方程中只有 3 个方程是独立的。推而广之,对节点数为 n 的电路,根据 KCL,只能列写出 $(n-1)$ 个独立的节点电流方程,并将这 $(n-1)$ 个节点称为一组独立节点,余下的一个节点则称为参考节点,参考节点是任意选取的。

其次,选择回路应用 KVL 列出其余 $[b-(n-1)]$ 个方程。每次新列出的 KVL 方程与已经列过的 KVL 方程必须是相互独立的。在平面电路中,通常可选网孔来列 KVL 方程。网孔的数目恰好等于 $[b-(n-1)]$。因为每个网孔都包含一条互不相同的支路,所以每个网孔都是一个独立回路。独立回路的 KVL 方程数等于 $[b-(n-1)]$。

在如图 2-20 所示电路中,有 3 个网孔,即回路①②④①、②③④②、①④③①,它们是一组独立回路。由 KVL,可以列写出独立回路电压方程为

$$\begin{cases} R_1 i_1 - u_{S1} + R_3 i_3 - R_4 i_4 = 0 \\ R_2(i_2 - i_S) - R_3 i_3 - R_5 i_5 = 0 \\ R_4 i_4 + R_5 i_5 + R_6 i_6 - u_S = 0 \end{cases}$$

因此,任选 3 个节点电流方程,加上上述 3 个网孔电压方程,由此就可以求解出 6 条支路的电流,从而可以获得电路中的其他响应。

应用 KCL 和 KVL 一共可列出 $(n-1)+[b-(n-1)]=b$ 个独立方程,它们都是以支路电流为变量的方程,因而可以解出 b 条支路电流。

2.3.2 支路电流法计算步骤

综上所述,对于一个具有 n 个节点、b 条支路的电路,利用支路电流法分析计算电路的一般步骤如下:

(1)在电路中假设出各支路(b 条)电流,且选定其参考方向,并标示于电路中。

(2)根据 KCL,列写出 $(n-1)$ 个独立的节点电流方程。

(3)根据 KVL,列写出 $[b-(n-1)]$ 个独立回路电压方程。

(4)联立求解上述所列写的 b 个方程,从而求解出各支路电流变量,进而求解出电路中其他要求的量。

例2-10

图 2-21 所示电路中,求:

(1)各支路的电流。

(2)计算 10 Ω 电阻的端电压。

(3)计算各元件的功率。

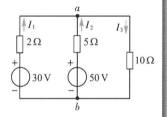

图2-21 例2-10电路

解 (1)求各支路电流。标定各支路电流参考方向如图 2-21 所示,以节点 b 为参考节点,对独立节点 a 列出 KCL 方程。选取 2 个网孔,以顺时针绕行方向列出 $3-(2-1)=2$ 个独立的 KVL 方程,得到

$$\begin{cases} -I_1-I_2+I_3=0 \\ 2I_1-5I_2+50-30=0 \\ 5I_2+10I_3-50=0 \end{cases}$$

即

$$\begin{cases} I_1+I_2-I_3=0 \\ 2I_1-5I_2=-20 \\ 5I_2+10I_3=50 \end{cases}$$

解此方程组得

$$\begin{cases} I_1=-0.625\ \text{A} \\ I_2=3.75\ \text{A} \\ I_3=3.125\ \text{A} \end{cases}$$

I_1 为负值,表明该支路电流的实际方向与标定的方向相反,30 V 电源被充电。

(2)计算 10 Ω 电阻的端电压。

$$U=10\ \Omega \times I_3=10\ \Omega \times 3.125\ \text{A}=31.25\ \text{V}$$

(3)计算元件的功率。两个电源发出的功率为

$$P_{30V} = 30\ \Omega \times I_1 = 30\ \Omega \times (-0.625\ \mathrm{A}) = -18.75\ \mathrm{W}$$

$$P_{50V} = 50\ \Omega \times I_2 = 50\ \Omega \times 3.75\ \mathrm{A} = 187.5\ \mathrm{W}$$

可见第一条电源支路吸收功率,第二条电源支路提供功率。

负载吸收的功率为

$$P_{2\Omega} = 2\ \Omega \times I_1^2 = 2\ \Omega \times (-0.625\ \mathrm{A})^2 \approx 0.78\ \mathrm{W}$$

$$P_{5\Omega} = 5\ \Omega \times I_2^2 = 5\ \Omega \times (3.75\ \mathrm{A})^2 \approx 70.31\ \mathrm{W}$$

$$P_{10\Omega} = 10\ \Omega \times I_3^2 = 10\ \Omega \times (3.125\ \mathrm{A})^2 \approx 97.66\ \mathrm{W}$$

显然

$$P_{30V} + P_{50V} = P_{2\Omega} + P_{5\Omega} + P_{10\Omega}$$

从例 2-10 中可以看出,支路电流法要求几个支路电压均能用相应的支路电流表示,当一条支路仅含电流源而不存在与之并联的电阻时,可以采用如下方法处理:将电流源两端的电压作为一个求解变量列入方程,同时增加一个辅助方程,即电流源所在支路的电流等于电流源的电流,然后求解联立方程。

例2-11

电路如图 2-22 所示,求流经 10 Ω、15 Ω 电阻的电流及电流源两端的电压。

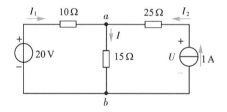

图 2-22 例 2-11 电路

解 指定各支路电流的参考方向如图所示,I_2 等于电流源的电流。设电流源的端电压为 U,对节点 a 列出 KCL 方程,以顺时针绕行方向对两个网孔列出 KVL 方程,得到

$$\begin{cases} -I_1 - I_2 + I = 0 \\ 10I_1 + 15I = 20 \\ -25I_2 - 15I = -U \end{cases}$$

增加辅助方程

$$I_2 = 1\ \mathrm{A}$$

解联立方程得到

$$I = 1.2\ \mathrm{A}, I_1 = 0.2\ \mathrm{A}, U = 43\ \mathrm{V}$$

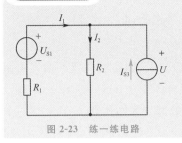

练一练

如图 2-23 所示电路中,已知 $R_1=1\ \Omega, R_2=2\ \Omega$, $U_{S1}=5$ V, $I_{S3}=1$ A。用支路电流法计算各支路电流。

图 2-23　练一练电路

2.4　网孔电流法

用支路电流法进行电路计算时,所列方程数目较多,为减少方程数,可选取网孔电流为电路的变量(未知量)列出方程,这种方法称为网孔电流法。

2.4.1　网孔电流法介绍

1. 网孔电流

网孔电流是一种假想的在电路的各个网孔里流动的电流。在如图 2-24 所示电路中,沿 3 个网孔流动的电流 i_{m1}、i_{m2}、i_{m3} 的参考方向如图所示。网孔电流的方向可任意假设。

电路中所有支路电流都可以用网孔电流表示。在图 2-24 所示电路中,根据网孔电流与支路电流的流向,可以确定支路电流与网孔电流的关系为

$$i_1=i_{m1}$$
$$i_2=i_{m1}-i_{m2}$$
$$i_3=-i_{m2}$$
$$i_4=-i_{m1}+i_{m3}$$
$$i_5=-i_{m3}$$
$$i_6=-i_{m2}+i_{m3}$$

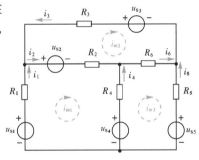

图 2-24　网孔分析举例

这样,只要求出各网孔电流,就可确定所有支路电流。

2. 网孔的自电阻与互电阻

电路中每个网孔本身的电阻之和,称为该网孔的自电阻,简称自阻。电路中相邻网孔共有的电阻,称为两个网孔的互电阻,简称互阻。

自阻总是取正值。互阻是个代数量。当两个相邻网孔的网孔电流以相同的方向流经互阻时,互阻取正值;反之,互阻取负值。两个网孔之间没有共用电阻时,互阻为零。

根据上述定义,在图 2-24 所示电路中,网孔的自阻分别为

$$R_{11}=R_1+R_2+R_4, R_{22}=R_2+R_3+R_6, R_{33}=R_4+R_5+R_6$$

互阻分别为

$R_{12}=R_{21}=-R_2$（网孔 1 和 2 的电流流过电阻 R_2 时，方向相反，取"一"号）

$R_{13}=R_{31}=-R_4$（网孔 1 和 3 的电流流过电阻 R_4 时，方向相反，取"一"号）

$R_{23}=R_{32}=-R_6$（网孔 2 和 3 的电流流过电阻 R_6 时，方向相反，取"一"号）

3. 网孔电流方程

网孔电流是沿着闭合回路流动的，它从网孔中某一个节点流入，同时又从这个节点流出。也就是说，网孔电流在所有节点处都自动满足 KCL，因此不必对各独立节点另列 KCL 方程，所以省去了 $(n-1)$ 个方程。这样只需要列出 KVL 方程，使方程数减少为网孔数 $[b-(n-1)]$ 个。电路的变量——网孔电流也是 $[b-(n-1)]$ 个。即对于 3 个网孔，应用 KVL 列出网孔方程就可以求出网孔电流，并由支路电流与网孔电流的关系，进而求出支路电流。

在列写网孔方程时，原则上与支路电流法中列写 KVL 方程一样，只是需要用网孔电流表示各电阻上的电压，且当电阻中同时有几个网孔电流流过时，应该把各网孔电流引起的电压都计算进去。通常，选取网孔的绕行方向与网孔电流的参考方向一致，然后列出网孔方程。下面通过如图 2-24 所示电路加以说明。

对于如图 2-24 所示电路，首先按照支路电流法，以 3 个网孔为研究对象，沿网孔电流的绕行方向列出 KVL 方程，有

网孔 1 $R_1 i_1+R_2 i_2-R_4 i_4-u_{S1}+u_{S2}+u_{S4}=0$

网孔 2 $-R_2 i_2-R_3 i_3-R_6 i_6-u_{S2}+u_{S3}=0$

网孔 3 $R_4 i_4-R_5 i_5+R_6 i_6-u_{S4}+u_{S5}=0$

将支路电流用网孔电流替代，得到

网孔 1 $R_1 i_{m1}+R_2(i_{m1}-i_{m2})-R_4(-i_{m1}+i_{m3})=u_{S1}-u_{S2}-u_{S4}$

网孔 2 $-R_2(i_{m1}-i_{m2})-R_3(-i_{m2})-R_6(-i_{m2}+i_{m3})=u_{S2}-u_{S3}$

网孔 3 $R_4(-i_{m1}+i_{m3})-R_5(-i_{m3})+R_6(-i_{m2}+i_{m3})=u_{S4}-u_{S5}$

经过整理后，得到

网孔 1 $(R_1+R_2+R_4)i_{m1}-R_2 i_{m2}-R_4 i_{m3}=u_{S1}-u_{S2}-u_{S4}$

网孔 2 $-R_2 i_{m1}+(R_2+R_3+R_6)i_{m2}-R_6 i_{m3}=u_{S2}\quad u_{S3}$

网孔 3 $-R_4 i_{m1}-R_6 i_{m2}+(R_4+R_5+R_6)i_{m3}=u_{S4}-u_{S5}$

这就是以网孔电流为未知量列写的 KVL 方程，称为网孔方程。若将自阻与互阻符号代入方程，方程组可以进一步写为

$$\begin{cases} R_{11}i_{m1}+R_{12}i_{m2}+R_{13}i_{m3}=u_{S11} \\ R_{21}i_{m1}+R_{22}i_{m2}+R_{23}i_{m3}=u_{S22} \\ R_{31}i_{m1}+R_{32}i_{m2}+R_{33}i_{m3}=u_{S33} \end{cases} \qquad (2\text{-}12)$$

式中，$u_{S11}=u_{S1}-u_{S2}-u_{S4}$，$u_{S22}=u_{S2}-u_{S3}$，$u_{S33}=u_{S4}-u_{S5}$。各电压源电压按绕行方向，是由负极到正极，取"＋"号，反之为"一"号。

2.4.2   网孔电流法的计算步骤

网孔电流法进行电路计算的主要步骤如下：

(1)选定各网孔电流的参考方向，并以此方向作为回路的绕行方向。

(2)按自阻、互阻和电源符号的取值规则，列写每个网孔电流方程。

（3）求解网孔电流方程，得出网孔电流。

（4）指定支路电流的参考方向，按照支路电流与网孔电流的关系，求出支路电流，并求解其他待求量。

2.4.3　含特殊支路的网孔电流法

如果电路中的电流源没有电阻与之并联，则无法直接应用式（2-12）列写方程，可以采用以下方法：

（1）如果能使电流源中只有一个网孔电流流过，这时该网孔电流等于电流源电流，成为已知量，因而不必再对这个网孔列写网孔电流方程。

（2）把电流源的电压也作为未知量列入网孔电流方程，并将电流源电流与有关网孔电流的关系作为补充方程，一并求解。

例 2-12

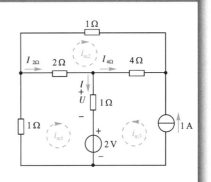

图 2-25　例 2-12 电路

电路如图 2-25 所示，试用网孔电流法求支路电流 I、$I_{2\Omega}$、$I_{4\Omega}$ 及电压 U。

解　标定网孔电流 I_{m1}、I_{m2}、I_{m3} 的参考方向如图 2-25 所示。网孔 3 中有一个 1 A 的理想电流源，且在边界支路，故 $I_{m3}=1$ A，因而不需要再列写网孔 3 的方程。按照网孔电流法的规则，分别列出网孔 1、网孔 2 的方程为

网孔 1　$(1+2+1)I_{m1}-2I_{m2}+I_{m3}=-2$

网孔 2　$-2I_{m1}+(2+4+1)I_{m2}+4I_{m3}=0$

将 $I_{m3}=1$ A 代入，整理得到联立方程为

$$\begin{cases} 4I_{m1}-2I_{m2}=-3 \\ -2I_{m1}+7I_{m2}=-4 \end{cases}$$

解得

$$I_{m1}=-\frac{29}{24}\ \text{A},\ I_{m2}=-\frac{11}{12}\ \text{A}$$

所以

$$I=I_{m1}+I_{m3}=-\frac{29}{24}\ \text{A}+1\ \text{A}=-\frac{5}{24}\ \text{A}$$

$$I_{2\Omega}=I_{m1}-I_{m2}=-\frac{29}{24}\ \text{A}+\frac{11}{12}\ \text{A}=-\frac{7}{24}\ \text{A}$$

$$I_{4\Omega}=-I_{m2}-I_{m3}=\frac{11}{12}\ \text{A}-1\ \text{A}=-\frac{1}{12}\ \text{A}$$

$$U=1\ \Omega\times I=-\frac{5}{24}\ \text{V}$$

电路基础与实践

例2-13

电路如图 2-26(a)所示,试用网孔电流法求网孔电流 I_a 及 I_b。

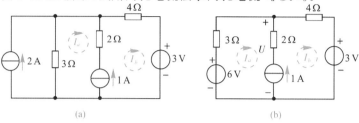

图 2-26 例 2-13 电路

解 图 2-26(a)所示电路,含有理想电流源和电阻并联的支路。首先将其化为等效的电压源和电阻串联的支路,如图 2-26(b)所示。

对于 1 A 的理想电流源支路,设支路的端电压为 U,引进辅助方程

$$-I_a + I_b = 1$$

按照网孔电流法的规则,分别列出网孔 a、b 的方程为

$$\begin{cases} 3I_a = 6 - U \\ 4I_b = -3 + U \end{cases}$$

与辅助方程联立,解得

$$I_a = -\frac{1}{7} \text{ A}, I_b = \frac{6}{7} \text{ A}, U = \frac{45}{7} \text{ V}$$

练一练

1. 用网孔法求图 2-27 所示电路的支路电流。

2. 用网孔法求图 2-28 所示电路的电压 U。

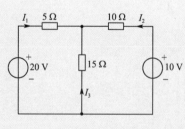

图 2-27 练一练 1 电路

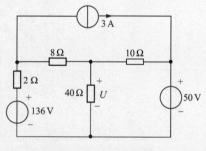

图 2-28 练一练 2 电路

2.5　节点电压法

当电路中网孔数量较多时,应用网孔电流法进行电路计算也比较烦琐,通常可选取节点电压为电路的变量(未知量)列出方程。这种方法广泛应用于电路的计算机辅助分析,已成为网络分析中最重要的方法之一。

2.5.1　节点电压法介绍

1. 节点电压

在电路中任意选一节点作为参考节点,电路其余节点称为独立节点。独立节点与参考节点之间的电压称为节点电压。假设节点电压的参考方向总是由独立节点指向参考节点,且参考节点电位为零,则节点电压等于节点电位。例如,在如图 2-29 所示的电路中,如果选择节点 3 作为参考节点,则节点 1、2 为独立节点,它们与节点 3 之间的电压就称为节点电压,可以用 u_{n1}、u_{n2} 表示,其参考方向由独立节点指向参考节点。

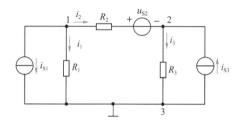

图 2-29　节点电压法举例

电路中所有支路电压都可以用节点电压表示。对于连接在独立节点和参考节点之间的支路,它的支路电压就是节点电压;对于连接在各独立节点之间的支路,它的支路电压则是两个相关的节点电压之差。

在图 2-29 所示的电路中,支路 13、23 接在独立节点和参考节点之间,其支路电压为

$$u_{13} = u_{n1}, u_{23} = u_{n2}$$

而支路 12 接在独立节点 1、2 之间,其支路电压为

$$u_{12} = u_{n1} - u_{n2}$$

因此,只要求出节点电压,就能确定所有支路的电压。

2. 节点的自电导与互电导

与电路中节点直接相连接的支路所有电导之和,称为该节点的自电导,简称自导。电路中相邻节点共有的电导,称为两个节点的互电导,简称互导。相邻节点的互导相等。

由于假设节点电压的参考方向总是由独立节点指向参考节点,所以各节点电压在自导中引起的电流总是流出该节点的,因而自导总是正的;另一节点电压通过互导引起的电流总

是流入该节点的,因而互导总是负的;两个节点之间没有电导时,互导为零。

根据上述定义,在图 2-29 所示电路中,节点 1、2 的自导分别为

$$G_{11} = G_1 + G_2 = \frac{1}{R_1} + \frac{1}{R_2}, G_{22} = G_2 + G_3 = \frac{1}{R_2} + \frac{1}{R_3}$$

节点 1、2 的互导为

$$G_{12} = G_{21} = -G_2 = -\frac{1}{R_2}$$

3. 节点电压方程

在图 2-29 所示的电路中,$u_{12} = u_{n1} - u_{n2}$,就是 KVL 在闭合回路 1231 中的应用。或者说,这样指定电压后,对电路中所有回路自动满足 KVL,不必另列方程,只需要列出 KCL 方程,使方程数减少为 $(n-1)$ 个,而未知量也是 $(n-1)$ 个,即只对 2 个独立的节点使用 KCL 列出电路方程,求出节点电压,并进而求出其他待求量。

为了使方程包含未知量 u_{n1}、u_{n2},首先运用欧姆定律找出各电阻上电压与电流的关系得

$$i_1 = G_1 u_{n1}, i_3 = G_3 u_{n2}, i_2 = G_2(u_{12} - u_{S2}) = G_2(u_{n1} - u_{n2} - u_{S2})$$

应用 KCL 列写独立节点方程,得

节点 1 $\qquad\qquad i_1 + i_2 + i_{S1} = 0 \qquad\qquad$ （＊）

节点 2 $\qquad\qquad -i_2 + i_3 - i_{S3} = 0 \qquad\qquad$ （＊＊）

将用节点电压表示的电流代入式(＊)和式(＊＊),得

节点 1 $\qquad\qquad G_1 u_{n1} + G_2(u_{n1} - u_{n2} - u_{S2}) = -i_{S1}$

节点 2 $\qquad\qquad -G_2(u_{n1} - u_{n2} - u_{S2}) + G_3 u_{n2} = i_{S3}$

经过整理后得

节点 1 $\qquad\qquad (G_1 + G_2)u_{n1} - G_2 u_{n2} = G_2 u_{S2} - i_{S1}$

节点 2 $\qquad\qquad -G_2 u_{n1} + (G_2 + G_3)u_{n2} = -G_2 u_{S2} + i_{S3}$

这就是以节点电压为未知量的节点方程。

若令 $i_{S11} = -i_{S1} + i_{S2}$,$i_{S22} = -i_{S2} + i_{S3}$,其中 $i_{S2} = G_2 u_{S2}$,并将自导与互导符号代入方程,可以进一步写成

$$\begin{cases} G_{11}u_{n1} + G_{12}u_{n2} = i_{S11} \\ G_{21}u_{n1} + G_{22}u_{n2} = i_{S22} \end{cases} \qquad (2\text{-}13)$$

这就是具有两个独立节点电路的节点电压方程的一般形式。i_{S11}、i_{S22} 分别为流入节点 1、2 的电流源的代数和。当电流源流入节点时,前面取"＋"号;流出节点时,前面取"－"号。

2.5.2 节点电压法的计算步骤

节点电压法进行电路计算的主要步骤:

（1）指定参考节点，其余独立节点对参考节点的电压为该节点电压。规定其参考方向为由独立节点指向参考节点。

（2）按自导、互导和电源符号的取值规则，列出 $(n-1)$ 个独立节点的节点电压方程。

（3）求解节点电压方程，得出节点电压。

（4）指定支路电流的参考方向，根据欧姆定律求出各支路电流，并求解其他待求量。

例2-14 ●

电路如图 2-30 所示，试用节点电压法求支路电流。

解 假设节点 3 为参考节点，根据式（2-13）可列出节点电压方程，注意 5 Ω 电阻不应该计入自导中。

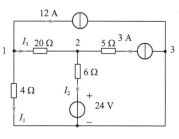

图 2-30 例 2-14 电路

$$\left(\frac{1}{20}+\frac{1}{4}\right)U_{n1}-\frac{1}{20}U_{n2}=12$$

$$-\frac{1}{20}U_{n1}+\left(\frac{1}{20}+\frac{1}{6}\right)U_{n2}=3+\frac{24}{6}$$

联立求解可得

$$U_{n1}=47.2\ \text{V},U_{n2}=43.2\ \text{V}$$

假设各支路电流的参考方向如图 2-30 所示，可得

$$I_1=\frac{U_{n1}}{4}=11.8\ \text{A}$$

$$I_2=\frac{U_{n2}+24}{6}=11.2\ \text{A}$$

$$I_3=\frac{U_{n1}-U_{n2}}{20}=0.2\ \text{A}$$

2.5.3 含特殊支路的节点电压法

如果电路中的电压源没有电阻与之串联，则无法直接应用式（2-13）列写方程，可以采用以下方法：

（1）如果电路中只有一个电压源，或者虽有几个电压源，但它们具有公共端，则可以将电压源的一端（公共端）假设为参考节点，另一端的节点电压就是已知量，等于电压源的电压，因而不必再对该节点列写节点电压方程，其余各节点电压方程仍按一般形式列写。

（2）如果电路中的电压源在两个独立节点之间，把电压源中的电流也作为未知量列入节点电压方程，并将电压源电压与有关节点电压的关系作为补充方程，一并求解。

电路基础与实践

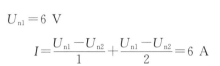
例2-15

电路如图 2-31 所示,试用节点电压法求电流 I。

解 假设节点 3 为参考节点,则节点 2 的节点电压 $U_{n2} = 2$ V 为已知量,不必再对此节点列方程,则节点 1 的节点电压方程为

$$\left(\frac{1}{3} + 1 + \frac{1}{2}\right)U_{n1} - \left(1 + \frac{1}{2}\right)U_{n2} = 8$$

解得

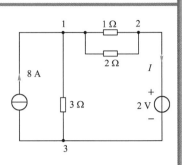

图 2-31 例 2-15 电路

$$U_{n1} = 6 \text{ V}$$

$$I = \frac{U_{n1} - U_{n2}}{1} + \frac{U_{n1} - U_{n2}}{2} = 6 \text{ A}$$

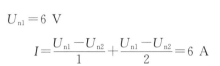
例2-16

电路如图 2-32 所示,试用节点电压法求电流 I。

解 假设节点 4 为参考节点,则节点 1 的节点电压 $U_{n1} = 7$ V 为已知量,不必再对此节点列方程,而 4 V 电压源在两独立节点之间,设出其支路电流 I,参考方向如图 2-32 所示,把电流 I 作为电流源电流的值表示在方程的右边,则可列出其他节点的节点电压方

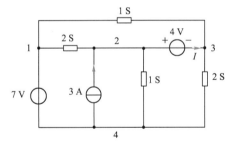

图 2-32 例 2-16 电路

程为

$$-2 \times U_{n1} + (2+1) \times U_{n2} = 3 - I$$

$$-1 \times U_{n1} + (1+2)U_{n3} = I$$

补充方程为

$$U_{n2} - U_{n3} = 4$$

联立求解可得

$$U_{n2} = 6 \text{ V}, U_{n3} = 2 \text{ V}$$

练一练

1.如果电路中有 n 个节点,可列几个独立的节点电压方程?

2.试问以下两种说法正确吗,为什么?

(1)与理想电流源串联的电阻对电路各节点的节点电压不产生任何影响。

(2)与理想电压源并联的电阻对电路中其他支路电流不产生任何影响,故也不影响各节点电位的大小。

2.6 叠加定理

本项目最后两节将介绍几个电路定理的应用,以进一步理解电路的性质,掌握一些新的分析方法。

叠加定理是线性电路的一个基本定理,它体现了线性电路的基本性质,是分析线性电路的基础。线性电路中的许多定理可以由叠加定理导出。

2.6.1 特例说明

如图 2-33(a)所示,根据 KCL 和 KVL 列方程得

$$\begin{cases} R_1 i_1 + R_2 i_2 = u_S & \textcircled{1} \\ i_1 - i_2 + i_S = 0 & \textcircled{2} \end{cases}$$

由式②得

$$i_2 = i_1 + i_S$$

代入式①得到

$$R_1 i_1 + R_2 (i_1 + i_S) = u_S$$

所以

$$i_1 = \frac{u_S - R_2 i_S}{R_1 + R_2}$$

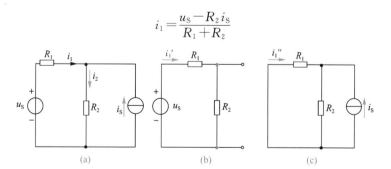

(a)　　　　　　　(b)　　　　　　　(c)

图 2-33　网络叠加性

将电流源去掉(开路),考虑电压源单独作用时的情况,等效电路如图 2-33(b)所示。电阻 R_1 中流过的电流为

$$i_1' = \frac{u_S}{R_1 + R_2}$$

将电压源去掉(短路),考虑电流源单独作用时的情况,等效电路如图 2-33(c)所示。电阻 R_1 中流过的电流为

$$i_1'' = \frac{-R_2 i_S}{R_1 + R_2}$$

因此

$$i_1' + i_1'' = \frac{u_S}{R_1 + R_2} + \frac{-R_2 i_S}{R_1 + R_2} = \frac{u_S - R_2 i_S}{R_1 + R_2} = i_1$$

即两个电源同时作用于电路时,在支路中产生的电流等于它们分别作用于电路时,在该支路产生电流的叠加。

2.6.2 叠加定理介绍

将上述结论推广到一般线性电路,可以得到描述线性电路叠加性的重要定理——电路叠加定理。定理表述为当线性电路中有两个或两个以上的独立电源作用时,任意支路的电流或电压响应,等于电路中每个独立电源单独作用下在该支路中产生的电流或电压响应的代数和。

一个独立电源单独作用意味着其他独立电源不起作用,即不起作用的电压源的电压为零,不起作用的电流源的电流为零。电路分析中可用短路代替不起作用的电压源,而保留实际电源的内阻在电路中;可用开路代替不作用的电流源,而保留实际电源的内阻在电路中。

注意:当电路中存在受控电源时,由于受控电源不能够像独立电源一样单独产生激励,因此要将受控电源保留在各分电路中,应用叠加定理进行电路分析。

叠加定理常用于分析电路中某一电源的影响。用叠加定理计算复杂电路时,要把一个复杂电路化为几个单电源电路分别进行计算,然后把结果叠加起来;也可以把复杂电路化为几组电源电路进行计算,然后再进行叠加。电压或电流的叠加要按照标定的参考方向进行。因为功率与电流不成线性关系,功率必须根据元件上的总电流和总电压计算,而不能够按照叠加定理计算。

综上所述,应用叠加定理进行电路分析时,应注意下列几点:

(1)叠加定理只能用来计算线性电路的电流和电压,不适用于非线性电路。

(2)叠加时要注意电流和电压的参考方向,求其代数和。

(3)化为几个单电源电路进行计算时,所谓电压源不起作用,就是在该电压源处用短路代替;电流源不起作用,就是在该电流源处用开路代替;所有电阻不予变动。

(4)受控电源保留在各分电路中。

(5)不能用叠加定理直接计算功率。

2.6.3 叠加定理应用举例

1. 含多个独立电源的电路应用叠加定理

分析如下。

电路如图 2-34(a)所示,计算支路电流 I 和端电压 U,以及 4 Ω 电阻消耗的功率,并计算两个电源单独作用时 4 Ω 电阻消耗的功率。

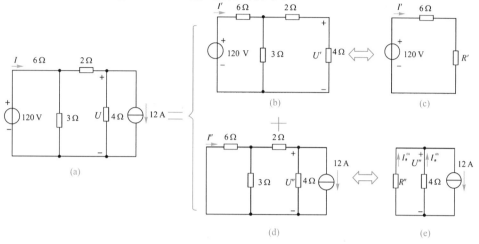

图 2-34　例 2-17 电路

解　将电流源开路,得到电压源单独作用时的等效电路如图 2-34(b)所示。利用电阻串并联关系得到等效电路如图 2-34(c)所示,其中等效电阻为

$$R' = \frac{3\ \Omega \times (2\ \Omega + 4\ \Omega)}{3\ \Omega + (2\ \Omega + 4\ \Omega)} = 2\ \Omega$$

故有

$$I' = \frac{120\ \text{V}}{6\ \Omega + 2\ \Omega} = 15\ \text{A}$$

$$U' = \frac{3\ \Omega}{3\ \Omega + 2\ \Omega + 4\ \Omega} \times 15\ \text{A} \times 4\ \Omega = 20\ \text{V}, P' = \frac{(20\ \text{V})^2}{4\ \Omega} = 100\ \text{W}$$

将电压源短路,得到电流源单独作用时的等效电路如图 2-34(d)所示。利用电阻串并联关系得到等效电路如图 2-34(e)所示,其中等效电阻为

$$R'' = 2\ \Omega + \frac{6\ \Omega \times 3\ \Omega}{6\ \Omega + 3\ \Omega} = 4\ \Omega$$

故有

$$I_{\text{并}}^{(1)} = \frac{1}{2} \times 12\ \text{A} = 6\ \text{A}$$

$$I'' = \frac{3\ \Omega}{6\ \Omega + 3\ \Omega} I_{\text{并}}^{(1)} = 2\ \text{A}, I_{\text{并}}^{(2)} = 12\ \text{A} - I_{\text{并}}^{(1)} = 6\ \text{A}$$

$$U'' = -4\ \Omega \times I_{\text{并}}^{(2)} = -4\ \Omega \times 6\ \text{A} = -24\ \text{V}, P'' = \frac{(-24\ \text{V})^2}{4\ \Omega} = 144\ \text{W}$$

由叠加定理得到

$$I = I' + I'' = 15\ \text{A} + 2\ \text{A} = 17\ \text{A}$$

$$U = U' + U'' = 20\ \text{V} - 24\ \text{V} = -4\ \text{V}$$

$$P = \frac{U^2}{4\ \Omega} = \frac{(-4\ \text{V})^2}{4\ \Omega} = 4\ \text{W}$$

显然 $P \neq P' + P''$,功率不满足叠加定理。

2. 应用叠加定理分析梯形电路

由于线性电路满足叠加定理，因此当所有的激励（独立电源）同时扩大或缩小 K 倍时，电路的响应（电压或电流）也将同时扩大或缩小 K 倍，这是线性电路的齐性定理。用它分析如图 2-35 所示梯形电路非常方便。

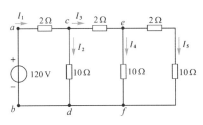

图 2-35　梯形电路

由图 2-35 可以看出，该电路是简单电路，可以用电阻串并联的方法化简，求出总电流，再由电流、电压分配公式求出支路电流 I_5，但计算较烦琐（读者可以自行计算）。为此，可应用齐性定理，采用"倒推法"计算，从梯形电路最远离电源的一端开始，设该支路电流为某一数值，然后依次推算出其他电压、电流的假定值，再按照齐性定理，将电源激励扩大到给定数值，计算待求量。

例2-18 ● ● ● ● ● ● ● ● ● ● ● ● ● ● ● ● ● ●

求图 2-35 所示梯形电路中支路电流。

解　设 $I_5'=1\text{ A}$，则有

$$U_{ef}'=(2\text{ Ω}+10\text{ Ω})I_5'=12\text{ V}$$

$$I_4'=\frac{12\text{ V}}{10\text{ Ω}}=1.2\text{ A},\quad I_3'=I_4'+I_5'=2.2\text{ A}$$

$$U_{ce}'=2\text{ Ω}\times I_3'=4.4\text{ V},\quad U_{cd}'=U_{ce}'+U_{ef}'=16.4\text{ V},\quad I_2'=\frac{16.4\text{ V}}{10\text{ Ω}}=1.64\text{ A}$$

$$I_1'=I_2'+I_3'=3.84\text{ A},\quad U_{ac}'=2\text{ Ω}\times I_1'=7.68\text{ V}$$

故有

$$U_{ab}'=U_{ac}'+U_{cd}'\approx24\text{ V}$$

当 $U_{ab}=120\text{ V}$ 时，相当于激励增大为原来的 $\dfrac{120}{24}=5$ 倍，因此支路电流也增大相同的倍数，故

$$I_5=5I_5'=5\text{ A}$$

3. 含受控电源的电路应用叠加定理

例2-19

如图 2-36(a)所示电路,求电压 u_3。

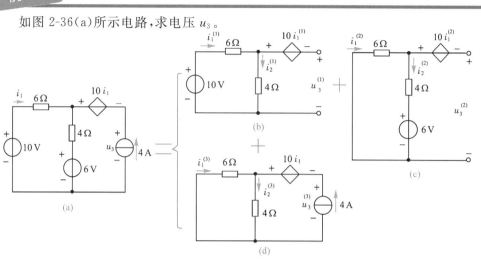

图 2-36 例 2-19 电路

解 按叠加定理进行分析计算。绘出 10 V 电压源单独作用、6 V 电压源单独作用和 4 A 电流源单独作用时的电路图,分别如图 2-36(b)、图 2-36(c)、图 2-36(d)所示。受控电源均保持在分电路中。

对图 2-36(b),由全电路欧姆定律可以求得

$$i_1^{(1)}=i_2^{(1)}=\frac{10 \text{ V}}{6 \text{ Ω}+4 \text{ Ω}}=1 \text{ A}$$

$$u_3^{(1)}=-10 \text{ Ω}\times i_1^{(1)}+4 \text{ Ω}\times i_2^{(1)}=-6 \text{ V}$$

同理,对图 2-36(c),有

$$i_1^{(2)}=i_2^{(2)}=\frac{-6 \text{ V}}{6 \text{ Ω}+4 \text{ Ω}}=-0.6 \text{ A}$$

$$u_3^{(2)}=-10 \text{ Ω}\times i_1^{(2)}+4 \text{ Ω}\times i_2^{(2)}+6 \text{ V}=-10 \text{ Ω}\times(-0.6 \text{ A})+4 \text{ Ω}\times(-0.6 \text{ A})+6 \text{ V}=9.6 \text{ V}$$

对图 2-36(d),根据分流关系得

$$i_1^{(3)}=-\frac{4 \text{ Ω}}{6 \text{ Ω}+4 \text{ Ω}}\times 4 \text{ A}=-1.6 \text{ A}$$

$$i_2^{(3)}=\frac{6 \text{ Ω}}{6 \text{ Ω}+4 \text{ Ω}}\times 4 \text{ A}=2.4 \text{ A}$$

故 $$u_3^{(3)}=4 \text{ Ω}\times i_2^{(3)}-10 \text{ Ω}\times i_1^{(3)}=4 \text{ Ω}\times 2.4 \text{ A}-10 \text{ Ω}\times(-1.6 \text{ A})=25.6 \text{ V}$$

由叠加定理得

$$u_3=u_3^{(1)}+u_3^{(2)}+u_3^{(3)}=-6 \text{ V}+9.6 \text{ V}+25.6 \text{ V}=29.2 \text{ V}$$

练一练

1. 叠加定理是分析电路的基本定理。试说明为什么它只适用于线性电路。

2. 当用叠加定理分析线性电路时,独立电源和受控电源的处理规则分别是什么?

3. 功率计算为什么不能直接利用叠加定理?

2.7 戴维南定理与诺顿定理

戴维南定理和诺顿定理统称为等效电源定理或等效发电机定理,它们提供了分析含有独立电源的二端电阻网络等效电路的一般方法,两个定理常用来分析电路中某一支路的电流和电压,是分析电路的重要工具。

案例导入

电路如图 2-37(a)所示,a、b 两端是一个有源的二端网络。现用万用表的电压挡测量端电压 U_o,实验电路如图 2-37(b)所示。将电压源短路,实验电路如图 2-37(c)所示,用万用表的电阻挡测端口等效电阻,显然

$$R_o = R_{ab} = \frac{R_1 R_2}{R_1 + R_2}$$

为 R_1、R_2 两个电阻的并联等效电阻。在 a、b 间连接一个毫安表及电阻箱,实验电路如图 2-37(d)所示,给定负载电阻 R 的数值,测量支路电流 I_R,即读出毫安表的示数。

当给定不同的负载电阻值时测出 I_R,对实验数据分析,发现

$$I_R = \frac{U_o}{R_o + R}$$

即如果将一个电压等于该有源二端网络的开路电压的理想电压源与电阻值等于对应的无源二端网络等效电阻的电阻元件串联,如图 2-37(e)所示,当其与负载电阻 R 组成串联回路时,R 上流过的电流与如图 2-37(a)所示原电路 a、b 两端之间连接的电阻 R 上流过的电流相等。

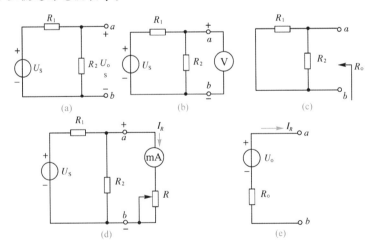

图 2-37 案例电路

2.7.1 戴维南定理

1. 戴维南定理介绍

上述结论反映了有源二端网络的一般特性,可以用戴维南定理表述,即任意线性有源二端网络,就其对外电路的作用而言,总可以用一个电压源与电阻串联组合等效。电压源的电压等于该二端网络的开路电压 u_o,而串联电阻 R_o 等于该二端网络中所有独立电源为零时端口的输入电阻。即在图 2-38(a)所示电路中,有源二端网络 N 就其对于外电路的作用效果而言,等效于如图 2-38(b)所示实际的电压源,电压源的电压等于如图 2-38(c)所示电路的端电压,串联电阻等于如图 2-38(d)所示对应无源二端网络的输入电阻。

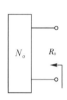

(a) 有源二端网络　　(b) 戴维南等效电路　　(c) 等效电压　　(d) 等效电阻

图 2-38　戴维南定理

对于定理,应当明确等效是针对网络中未变换的部分——负载而言的,变换是针对有源二端网络进行的。等效电路的参数是有源二端网络的端口开路电压及对应无源二端网络的端口输入电阻。并且,有源二端网络必须是线性的,才能应用戴维南定理等效,而对于负载电路没有限制。

2. 戴维南定理应用举例

利用戴维南定理进行电路分析,关键在于计算开路电压和输入电阻。计算开路电压时要将负载电路从所求端口断开,按照相应的电路连接关系求有源二端网络的端口电压;计算输入电阻时应当根据具体电路采用不同的方法。

(1)对于只含有独立电源的线性二端网络,设网络内所有独立电源为零(电压源用短路代替,电流源用开路代替),利用电阻串并联或三角形与星形网络变换加以化简,计算 a-b 端口的输入电阻。

例2-20

电路如图 2-39(a)所示,试用戴维南定理求电压 U 及 $2\ \Omega$ 电阻所消耗的功率 P。

解　断开 $2\ \Omega$ 的电阻,求 a-b 端口和 c-d 端口的等效戴维南电路。

如图 2-39(b)所示 a-b 端口等效电路的开路电压和输入电阻为

$$U_o^{(1)} = 1\ \Omega \times 2\ A + 1\ V = 3\ V$$

$$R_o^{(1)} = 1\ \Omega$$

如图 2-39(c)所示 c-d 端口等效电路的开路电压和输入电阻为

$$U_o^{(2)} = 1\ \Omega \times 4\ A = 4\ V, \quad R_o^{(2)} = 1\ \Omega + 1\ \Omega = 2\ \Omega$$

因此,如图 2-39(a)所示电路的等效电路如图 2-39(d)所示,由 KVL 得

$$2I + 3 + I + 2I - 4 = 0$$

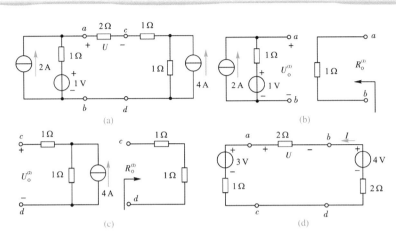

图 2-39　例 2-20 电路

故
$$I = 0.2 \text{ A}, U = -2 \text{ } \Omega \times I = -0.4 \text{ V}$$

2 Ω 电阻所消耗的功率为
$$P = RI^2 = 2 \text{ } \Omega \times (0.2 \text{ A})^2 = 0.08 \text{ W}$$

（2）对含有受控电源的线性有源二端网络，设网络内所有独立电源为零，将电路变为相应的无源二端网络，在端口处施加电压 u，计算或测量端口的电流 i，由欧姆定律求得输入电阻 $R_\circ = \dfrac{u}{i}$。

例 2-21 ● ● ● ● ● ● ● ● ● ● ● ● ● ● ● ● ● ● ●

电路如图 2-40(a)所示，求戴维南等效电路。

解　二端网络中含有一个受控电压源，首先按照叠加定理求解开路电压，与例 2-19 的电路，即图 2-36(b)和图 2-36(c)相同，受控电源均保留在分电路中。由例 2-19 计算结果可得
$$u_\circ = u_3^{(1)} + u_3^{(2)} = -6 \text{ V} + 9.6 \text{ V} = 3.6 \text{ V}$$

在 a-b 端口处施加电压 u，并将原电路中的独立电压源短接，如图 2-40(b)所示，由 KCL 得
$$i = i_2 - i_1$$

根据并联电阻的分流规律，有
$$i_1 = -\frac{4 \text{ } \Omega}{6 \text{ } \Omega + 4 \text{ } \Omega} i = -0.4i, \quad i_2 = \frac{6 \text{ } \Omega}{6 \text{ } \Omega + 4 \text{ } \Omega} = 0.6i$$
$$u = -10i_1 + 0.6i \times 4 = 4i + 2.4i = 6.4i$$

输入电阻为
$$R_\circ = \frac{u}{i} = 6.4 \text{ } \Omega$$

故等效的戴维南电路如图 2-40(c)所示。

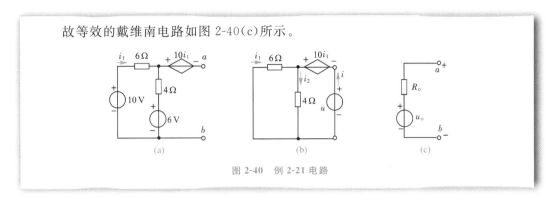

图 2-40　例 2-21 电路

(3)计算或测量二端网络的开路电压 u_o 和短路电流 i_{SC},如图 2-41 所示。当外电路短路时,电路中的电流等于短路电流 i_{SC},由欧姆定律求得输入电阻为

$$R_o = \frac{u_o}{i_{SC}}$$

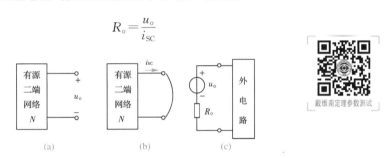

图 2-41　测量法求戴维南等效电路

戴维南定理参数测试

例2-22

对于例 2-20,采用计算二端网络的开路电压和短路电流的方法,求出戴维南等效电路,并计算电压 U。

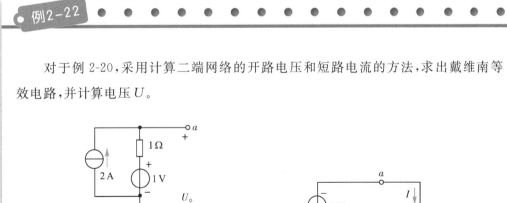

(a) 电路端口 *a-c* 的开路电压　　　　(b) 戴维南等效电压

图 2-42　例 2-22 电路

解 例 2-20 电路如图 2-39(a)所示,当断开 a-c 端口后,电路如图 2-42(a)所示,开路电压为

$$U_o = 1\ \Omega \times 2\ A + 1\ V - 1\ \Omega \times 4\ A = -1\ V$$

将 a、c 短路,用叠加定理可求得短路电流 $I_{SC} = -\dfrac{1}{3}\ A$,故入端电阻为 $R_o = \dfrac{U_o}{I_{SC}} =$

$3\ \Omega$,因此得到戴维南等效电路如图 2-42(b)所示,2 Ω 电阻上流过的电流为

$$I = \frac{-1\ V}{3\ \Omega + 2\ \Omega} = -0.2\ A$$

电压为

$$U = 2\ \Omega \times I = 2\ \Omega \times (-0.2\ A) = -0.4\ V$$

2.7.2　诺顿定理

利用戴维南定理可以将一个有源二端网络等效变换为一个实际电压源,而在本项目 2.2 节讨论过实际电压源和实际电流源间的等效变换,因此对于外电路而言,有源二端网络也可以等效变换为一个实际电流源,这种变换用诺顿定理来表述。

诺顿定理表述为任何一个有源线性二端网络,就其对于外电路作用效果而言,总可以用一个电流源与电阻的并联组合等效。电流源的电流等于二端网络的端口短路电流,并联电阻等于该二端网络中所有独立电源置零时的端口输入电阻。

如图 2-43(a)所示的有源二端网络 N,就其对外电路的作用而言,等效于如图 2-43(b)所示的实际电流源;电流源的电流是将图 2-43(a)所示电路的 a-b 端口短路得到的电流,如图 2-43(c)所示;输入电阻是将图 2-43(a)所示电路的有源二端网络 N 的独立电源置零,变为无源二端网络 N_o 的输入电阻 R_o,如图 2-43(d)所示。

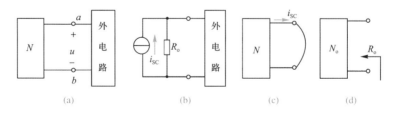

图 2-43　诺顿定理等效电路

用诺顿定理求解如图 2-44(a)所示电路的支路电流 I 及 3 Ω 电阻消耗的功率。

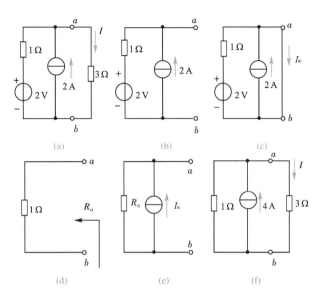

图 2-44　例 2-23 电路

解　将 3 Ω 电阻断开,得到有源二端网络如图 2-44(b)所示,将此电路等效为诺顿电路。

(1)求短路电流。如图 2-44(c)所示,将 a、b 短路,则短路电流为

$$I_{SC} = 2 \text{ A} + \frac{2 \text{ V}}{1 \text{ Ω}} = 4 \text{ A}$$

(2)求开路电阻。如图 2-44(d)所示,将 a、b 开路且独立电源置零(2 A 的电流源开路,2 V 的电压源短路),则输入电阻为 $R_o = 1$ Ω。

因此有源二端网络的诺顿等效电路如图 2-44(e)所示。

下面求支路电流及 3 Ω 电阻消耗的功率。将 3 Ω 电阻接在 a-b 端口,如图 2-44(f)所示,由分流定律得

$$I = \frac{1 \text{ Ω}}{1 \text{ Ω} + 3 \text{ Ω}} \times 3 \text{ A} = 0.75 \text{ A}$$

因此

$$P_{3\Omega} = 3 \text{ Ω} \times I^2 = 3 \text{ Ω} \times (0.75 \text{ A})^2 = 1.687 5 \text{ W}$$

2.7.3　最大功率传输问题

给定一个独立电源的二端网络,如果接在它两端的负载电阻不同,从二端网络传给负载的功率也不同。在什么条件下负载可以获得最大功率呢?

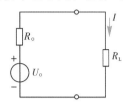

图 2-45　最大功率传输

如图 2-45 所示为含有独立电源的二端网络的戴维南等效电路,负载电阻消耗的功率为

$$P = R_L I^2 = R_L \left(\frac{U_o}{R_o + R_L}\right)^2$$

当 $\dfrac{dP}{dR_L} = 0$ 时,功率 P 最大,即

$$\frac{dP}{dR_L} = \frac{U_o^2 (R_o - R_L)}{(R_o + R_L)^3} = 0$$

因此得到当 $R_L = R_o$ 时,功率取最大值 $P_{max} = \dfrac{U_o^2}{4R_o}$。当满足 $R_L = R_o$ 时,负载和电源匹配。

练一练

测得含独立电源的二端网络的开路电压为 5 V,短路电流是 50 mA。若将 50 Ω 的负载电阻接到二端网络上,求负载上的电流与端电压。

项目实施

【实施器材】

(1)电源、导线、电阻元件、开关若干。

(2)电流表、电压表、万用表。

哲思课堂 5

【实施步骤】

(1)学习项目要求的相关知识。

(2)正确连接一个具有三个回路的含源电路,测量电路参数,验证叠加定理。

(3)正确连接一个有源二端网络电路,按照戴维南定理要求测量电路参数。

(4)将电路计算结果与实际测得数据比较。

【实训报告】

实训报告内容包括实施目标、实施器材、实施步骤、测量数据、比较数据及总结体会。

知识归纳

1. 电阻的串联

(1)等效电阻　　$R = R_1 + R_2 + \cdots + R_n$

(2)分压关系　　$\dfrac{U_1}{R_1} = \dfrac{U_2}{R_2} = \cdots = \dfrac{U_n}{R_n} = \dfrac{U}{R} = I$

2. 电阻的并联

(1)等效电阻 $\dfrac{1}{R} = \dfrac{1}{R_1} + \dfrac{1}{R_2} + \cdots + \dfrac{1}{R_n}$

(2)分流关系 $R_1 I_1 = R_2 I_2 = \cdots = R_n I_n = RI = U$

3. 两种实际电源模型的等效变换

实际电源可用一个理想电压源 u_S 和一个电阻 R_S 串联的电路模型表示,也可用一个理想电流源 I_S 和一个电阻 r_S 并联的电路模型表示。对外电路来说,二者是等效的,等效变换条件是

$$i_S = \frac{u_S}{R_S}, r_S = R_S$$

4. 支路电流法

以各支路电流为未知量,运用基尔霍夫定律列出节点的 KCL 方程和回路的 KVL 方程,解出各支路电流,从而可确定各支路或各元件的电压及功率,这种解决问题的方法称为支路电流法。

对于具有 b 条支路、n 个节点的电路,可列出 $(n-1)$ 个独立的 KCL 方程和 $[b-(n-1)]$ 个独立的 KVL 方程。

5. 网孔电流法

以 $l = b-(n-1)$ 个网孔电流为未知量,按照 KVL 建立 l 个网孔方程,即将电流表示的电压支路方程代入 KVL 方程,并将支路电流用网孔电流表示,列出网孔方程。这种求解电路未知量的方法,称为网孔电流法。

6. 节点电压法

对于具有 n 个节点、b 条支路的电路,任意假定一个参考节点,将 b 条支路的电压用两相关节点的电压表示,并将支路电流用支路电压表示。根据 KCL 列出 $(n-1)$ 个独立节点的节点方程。这种求解未知变量的方法,称为节点电压法。

7. 叠加定理

当线性电路中有几个电源共同作用时,各支路的电流或电压等于各个电源分别单独作用时在该支路产生的电流或电压的代数和(叠加)。

8. 戴维南定理

任何一个线性有源二端网络,对外电路来说,总可以用一个电压源 u_o 与一个电阻 R_o 相串联的模型来替代。

电压源的电压 u_o 等于该二端网络的开路电压,电阻 R_o 等于该二端网络中所有电源不作用时(电压源短路,电流源开路)的等效电阻。

巩固练习

2-1 如图 2-46 所示,将一块量程为 50 μA、内阻为 1 kΩ 的电流表,改装为具有 30 V、100 V、300 V 三种量程的电压表,计算串接电阻 R_1、R_2、R_3 的电阻值。

2-2 如图 2-47 所示,将一块量程为 50 μA、内阻为 1 kΩ 的电流表,改装为具有 5 mA、

10 mA、100 mA 三种量程的电流表,计算并接电阻 R_1、R_2、R_3 的电阻值。

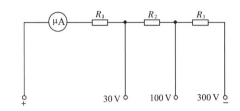

图 2-46　巩固练习 2-1 图

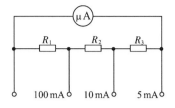

图 2-47　巩固练习 2-2 图

2-3　如图 2-48 所示各电路,求 a-b 端口的等效电阻。

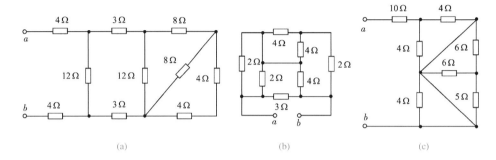

図 2-48　巩固练习 2-3 图

2-4　如图 2-49 所示电路,求端电压 U_{ab}、U_{bc}。

2-5　将如图 2-50 所示电路等效化简为一个电压源模型。

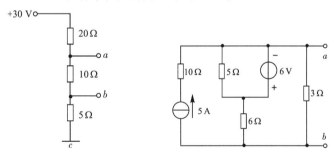

图 2-49　巩固练习 2-4 图　　　　　图 2-50　巩固练习 2-5 图

2-6　将如图 2-51 所示电路等效化简为一个电流源模型。

2-7　利用电源的等效变换,求图 2-52 所示电路的支路电流 I。

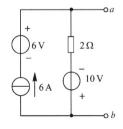

图 2-51　巩固练习 2-6 图

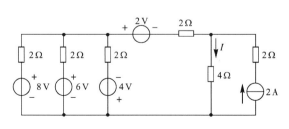

图 2-52　巩固练习 2-7 图

2-8 写出如图 2-53 所示各电路 *a-b* 端口的伏安关系。

2-9 如图 2-54 所示电路,用支路电流法求支路电流。

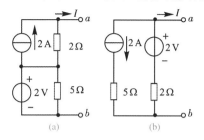

图 2-53 巩固练习 2-8 图

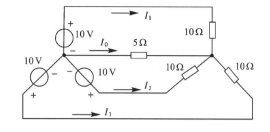

图 2-54 巩固练习 2-9 图

2-10 如图 2-55 所示电路,两组蓄电池并联供电,试用支路电流法求各支路电流,并计算两组蓄电池输出的功率及负载消耗的功率。

2-11 如图 2-56 所示电路,求 4 Ω 电阻的端电压。

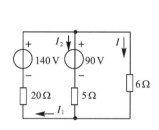

图 2-55 巩固练习 2-10 图

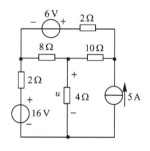

图 2-56 巩固练习 2-11 图

2-12 如图 2-57 所示电路,求:

(1)网孔电流 I_a、I_b。

(2)2 Ω 电阻消耗的功率。

2-13 如图 2-58 所示电路,求节点电压 U_1、U_2。

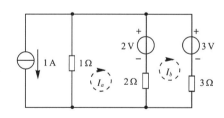

图 2-57 巩固练习 2-12 图

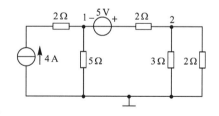

图 2-58 巩固练习 2-13 图

2-14 如图 2-59 所示电路,求:

(1)节点电压 U_A、U_B。

(2)支路电压 U_{AB}。

(3)支路电流 I。

2-15 试用节点电压法求如图 2-60 所示电路的电流 I。

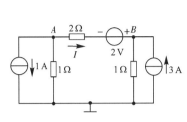

图 2-59　巩固练习 2-14 图

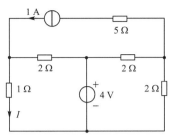

图 2-60　巩固练习 2-15 图

2-16 试用节点电压法求如图 2-61 所示电路的电流 。

2-17 电路如图 2-62 所示。

(1)试用叠加原理求 6 V 电源支路的电流 I。

(2)求 6 V 电源提供的功率。

(3)求 5 Ω 电阻消耗的功率。

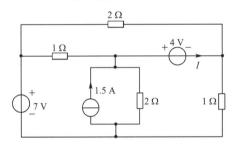

图 2-61　巩固练习 2-16 图

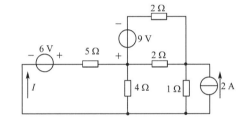

图 2-62　巩固练习 2-17 图

2-18 如图 2-63 所示电路,试用叠加定理求支路的电流 I。

2-19 如图 2-64 所示电路,求 7 Ω 电阻支路的电流。

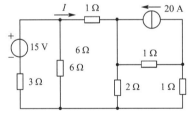

图 2-63　巩固练习 2-18 图

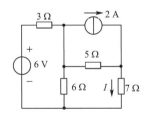

图 2-64　巩固练习 2-19 图

2-20 如图 2-65 所示电路,其中 N_0 为无源网络。已知当 $U_S=10$ V,$I_S=0$ A 时,测得 $U=10$ V;当 $U_S=0$ V,$I_S=1$ A 时,测得 $U=20$ V。求当 $U_S=20$ V,$I_S=3$ A 时,U 为多少。

2-21 如图 2-66 所示电路,试用叠加定理求电流 I。

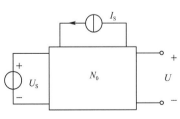

图 2-65　巩固练习 2-20 图

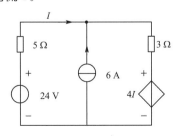

图 2-66　巩固练习 2-21 图

2-22 如图 2-67 所示电路，求等效戴维南电路。

2-23 如图 2-68 所示电路，求 a-b 端口等效的戴维南电路及诺顿电路。

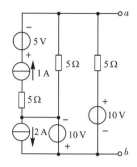

图 2-67 巩固练习 2-22 图

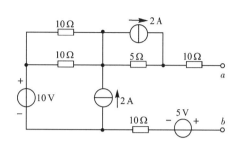

图 2-68 巩固练习 2-23 图

2-24 电路如图 2-69 所示。

（1）求 a-b 端口的等效戴维南电路及诺顿电路。

（2）若在端口连接一个 3 Ω 的负载电阻，求负载电流。

2-25 如图 2-70 所示电路，试用戴维南定理求电流 I。

2-26 如图 2-71 所示电路，已知：当 $R=6$ Ω 时，$I=2$ A。

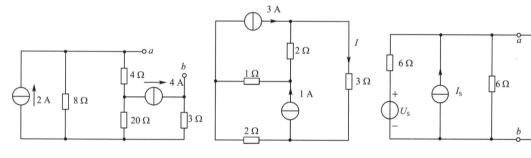

图 2-69 巩固练习 2-24 图　　　　图 2-70 巩固练习 2-25 图　　　　图 2-71 巩固练习 2-26 图

（1）当 $R=12$ Ω 时，I 为多少？

（2）R 为多大时，它吸收的功率最大？求此最大功率。

2-27 试用戴维南定理求如图 2-72 所示电路的电流 I 大小。

2-28 如图 2-73 所示电路，将 1 A 电流源作为外电路，用戴维南定理求电压 U。

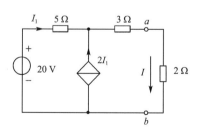

图 2-72 巩固练习 2-27 图

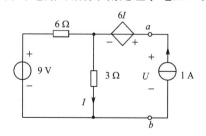

图 2-73 巩固练习 2-28 图

项目 3
单相正弦交流电路的分析

项目要求

理解正弦交流电的基本概念;熟悉正弦交流电的表示方法;理解相量的概念;掌握单相正弦交流电路的分析和计算方法;理解功率因数的概念。

【知识要求】

(1)理解正弦交流电的基本特性、表示方法及其相量表示。

(2)理解单个参数的正弦交流电路特点,掌握其相量计算方法。

(3)理解复合正弦交流电路的特点,掌握其相量计算方法。

(4)理解正弦电路中阻抗、阻抗角的意义及其在电路中的计算。

(5)理解正弦交流电路的不同功率之间的关系,掌握其计算方法。

(6)理解串联谐振及并联谐振的意义和条件。

【技能和素质要求】

(1)能够运用交流电压表、交流电流表和功率表测量电路等效参数。

(2)能够掌握日光灯电路连接方法。

(3)不畏困难、坚定信念,培养勇于实践、严谨细致的科学作风。

(4)关心日常使用电器的功率,养成节能、环保意识。

项目目标

(1)掌握运用相量法分析正弦电路。

(2)能够运用三表法测量电路等效参数。

(3)掌握日光灯电路连接方法,研究改善电路功率因数的途径。

(4)运用仿真软件演示 RLC 串联电路的幅频特性及谐振时的条件和特点。

3.1 正弦交流电的概念

案例导入

　　常用的家用电器如电视、照明灯、冰箱等使用的都是交流电。交流电产生原理如图 3-1 所示。即使是采用直流电的家用电器如复读机等也是通过稳压电源将交流电转变为直流电后使用。这些电器设备的电路模型在交流电路中的规律与直流电路中的规律是不一样的，因此本节分析交流电路的特征及相应电路模型的交流响应。

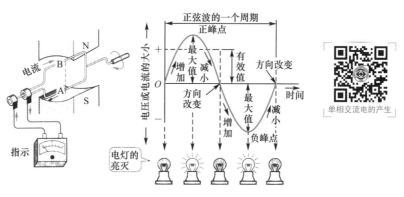

图 3-1　正弦波交流电的产生

3.1.1 正弦量的三要素

　　随时间按正弦规律变化的物理量，称为正弦量。而随时间按正弦规律变化的电压、电流、电动势等电路基本物理量，统称为正弦交流电。正弦交流电路中的正弦量的时间函数可以用正弦 sin 和余弦 cos 两种形式表示，本书采用正弦 sin 形式。其瞬时表达式为

$$i = I_m \sin(\omega t + \varphi_i) \tag{3-1}$$

1. 瞬时值和最大值

　　正弦量任一时刻的值称为瞬时值。瞬时值中的最大值称为正弦量的振幅，也称为峰值。最大值通常用下标 m 来表示，I_m、U_m 分别表示正弦电流和正弦电压的最大值。最大值表示正弦量瞬时值变化的范围或幅度。

2. 周期和频率

　　变化一周所需要的时间称为周期，通常用 T 表示，单位为秒(s)。

　　正弦量每秒钟变化的周期数称为频率，用 f 表示，单位为赫兹(Hz)。周期 T 与频率 f

的关系为

$$f = \frac{1}{T}$$

周期与频率表示正弦量变化的速度,周期越短,频率越高,变化得越快。直流量也可以看成 $f=0(T=\infty)$ 的正弦量。

我国和世界上大多数国家都采用 50 Hz 作为电力工业的标准频率(美国、日本等少数国家采用 60 Hz),习惯上称为工频。

3. 相位、角频率和初相

正弦量解析式中的 $(\omega t + \varphi_i)$ 称为相位或相角。相位的单位是弧度(rad)。正弦量在不同的瞬间,有着不同的相位,因而有着不同的瞬时值和变化趋势,所以,相位反映了正弦量的每一瞬时的状态和变化进程。

相位的变化速度为

$$\frac{\mathrm{d}(\omega t + \varphi)}{\mathrm{d}t} = \omega$$

角频率 ω 也称为角速度,单位是弧度 rad/s。经过一个周期,有

$$\omega = 2\pi f = \frac{2\pi}{T}$$

可见,角频率是一个与频率成正比的常数。

$t=0$ 时,相位为 φ_i 角,称为正弦量的初相角或称初相。初相反映了在计时起点处的状态,即初始状态。正弦量的初相与计时起点(如图 3-2 中坐标原点所示)的选择有关。绘制波形图时,横坐标可以用 t,也可以用 ωt。对于一个正弦波,φ_i 的大小与计时起点的选择有关。

哲思课堂 6

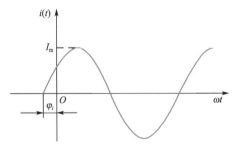

图 3-2　正弦电流波形图

由于 $\sin(\omega t + \varphi_i) = \sin(\omega t + \varphi_i \pm 2\pi)$,为唯一确定正弦量的初相角,常取 $|\varphi_i| \leqslant \pi$。将波形图上靠近原点,波形由负变正与横坐标的交点称为波形的起点。显然,当 $\varphi_i > 0$ 时,波形的起点在原点左侧;当 $\varphi_i < 0$ 时,波形的起点在原点右侧。

正弦电压、电流的大小和实际方向都随时间 t 变化,在一定参考方向下,电压、电流在某时刻的数值若为正(负),表示该时刻其实际方向与参考方向相同(相反),因此,正弦稳态分析中,支路电压、电流的参考方向的设定是至关重要的。

综上所述,当正弦量的最大值、角频率、初相确定后,正弦量就唯一地确定了,故将最大值 I_m、角频率 ω、初相 φ_i 称为正弦量的三要素。

3.1.2 正弦量的有效值

正弦量的大小随时间变化,工程上常用有效值来计量正弦量的大小。交流电的有效值是根据它的热效应确定的,交流电流的有效值是热效应与它相同的直流电流的数值。当某一交流电流和一直流电流分别通过同一电阻 R 时,如果在一个周期 T 内产生的热量相等,那么这个直流电流的数值就称为此交流电流的有效值。有效值用相应的大写字母表示。

周期电流的有效值为

$$I = \sqrt{\frac{1}{T}\int_0^T i^2 \, \mathrm{d}t} \tag{3-2}$$

式(3-2)为有效值的定义式。它表明正弦电流的有效值是其瞬时电流值 i 的平方在一个周期内积分的平均值再取平方根,所以有效值又称为均方根值。式(3-2)适用于任何周期变化的电流、电压及电动势。

若周期电流为正弦量,可得

$$I = \frac{1}{\sqrt{2}} I_\mathrm{m} = 0.707 I_\mathrm{m} \tag{3-3a}$$

同样

$$U = \frac{1}{\sqrt{2}} U_\mathrm{m} = 0.707 U_\mathrm{m} \tag{3-3b}$$

即正弦量的有效值等于其最大值除以 $\sqrt{2}$。若无特殊说明,周期信号的大小均指有效值。

交流电气设备铭牌上所标的电压值、电流值都是指有效值。常用的 220 V 和 380 V 交流电压也都是指有效值。有效值用大写字母表示,如 U、I 分别是电压、电流的有效值。常用的交流电压表、电流表测量的也是有效值。

例3-1

一个正弦交流电的初相角为 $30°$,在 $t = \dfrac{T}{6}$ 时刻的电流值为 2 A,求该电流的有效值。

解　根据式(3-1),代入已知条件,有

$$2 = I_\mathrm{m}\sin\left(\frac{2\pi}{T} \times \frac{T}{6} + 30°\right)$$

即

$$2 = I_\mathrm{m}\sin(60° + 30°)$$

所以

$$I_\mathrm{m} = 2 \text{ A}$$

则电流的有效值

$$I = \frac{1}{\sqrt{2}} I_\mathrm{m} = \frac{1}{\sqrt{2}} \times 2 \text{ A} = \sqrt{2} \text{ A}$$

3.1.3 同频率正弦量的相位差

在分析正弦交流电路时,常常要对正弦量之间的相位角进行比较。把频率相同的正弦量的相位之差称为相位差,用 φ 表示。如设两个同频率的电流 i、电压 u 分别为

$$i = I_m \sin(\omega t + \varphi_i), u = U_m \sin(\omega t + \varphi_u)$$

则电压 u 与电流 i 的相位差为

$$\varphi_{ui} = (\omega t + \varphi_u) - (\omega t + \varphi_i) = \varphi_u - \varphi_i \tag{3-4}$$

可见,同频率正弦量的相位差是不随时间变化的常量,它等于两个正弦量初相角之差。当两个同频率正弦量的计时起点改变时,它们的初相也随之改变,但是两者的相位差却保持不变。若 $\varphi_{ui} > 0$,则电压 u 的初相角比电流 i 的初相角超前 φ_{ui},即 u 相位超前于 i 相位 φ_{ui}。如图 3-3 所示,在波形图上,电压 u 比电流 i 先达到正峰值(当然也先达到负峰值)。若 $\varphi_{ui} < 0$,则电压 u 的初相角比电流 i 的初相角滞后 φ_{ui},即 u 相位滞后于 i 相位。若 $\varphi_{ui} = 0$,则电压 u 与电流 i 同相位。

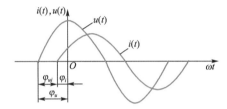

图 3-3　正弦电压与电流相位差

为了使超前、滞后的概念更确切,规定 $|\varphi| \leqslant \pi$。若 $\varphi_{ui} > 0$,则称 u 超前于 i;若 $\varphi_{ui} < 0$,则称 u 滞后于 i;若 $\varphi_{ui} = 0$,则称 u 与 i 同相;若 $\varphi_{ui} = \pm \dfrac{\pi}{2}$,则称 u 与 i 正交;若 $\varphi_{ui} = \pm \pi$,则称 u 与 i 反相。

为方便起见,常常有意规定电路中某一正弦电量的初相角为零,并将该正弦电量作为参考正弦量,这样,各正弦量的初相角就表明了它们与参考正弦量的超前或滞后的角度。

例3-2

有两个正弦电压分别为 $u_1(t) = 100\sqrt{2} \sin(\omega t + 135°)$ V,$u_2(t) = 50\sqrt{2} \sin(\omega t - 135°)$ V,则两个电压的相位关系如何?

解　$\varphi_{12} = \varphi_1 - \varphi_2 = 135° - (-135°) = 270°$

按照 $|\varphi| \leqslant \pi$ 的规定,根据 $\sin 270° = \sin(270° - 360°)$,将 φ_{12} 转换表示为

$$\varphi_{12} = \varphi_1 - \varphi_2 = 270° - 360° = -90°$$

因此 u_1 相位滞后于 u_2 相位 90°。

练一练

1. 如果正弦波的 8 个周期需要 2 ms,求角频率 ω。

2. 一个电容量只能承受 1 000 V 的直流电压,试问能否接到有效值 1 000 V 的交流电路中使用? 为什么?

3.2 正弦量的表示法

3.2.1 复数的实部、虚部和模

如图 3-4 所示,有向线段 A 可用复数表示为 $A=a+jb$。r 表示复数的大小,称为复数的模。有向线段与实轴正方向间的夹角,称为复数的辐角,用 φ 表示,规定辐角的绝对值小于 $180°$。

$$r=\sqrt{a^2+b^2},\varphi=\arctan\frac{b}{a} \tag{3-5}$$

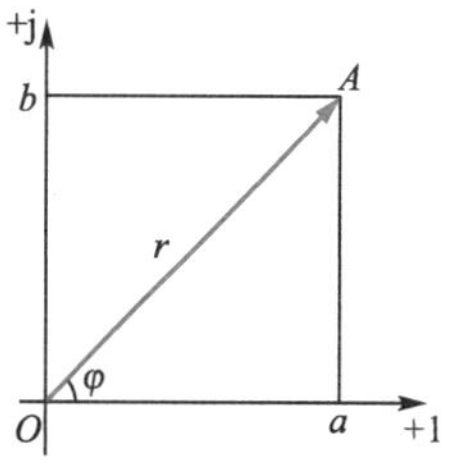

复数的直角坐标式为

$$A=a+jb=r\cos\varphi+jr\sin\varphi=r(\cos\varphi+j\sin\varphi) \tag{3-6}$$

图 3-4 复数坐标

复数的指数形式为

$$A=re^{j\varphi}$$

复数的极坐标形式为

$$A=r\underline{/\varphi}$$

实部相等、虚部大小相等而异号的两个复数称为共轭复数。用 A^* 表示 A 的共轭复数,则有 $A=a+jb;A^*=a-jb$。

两个复数进行加减运算时,实部与虚部分别进行加减。

如两个复数为

$$A_1=a_1+jb_1,A_2=a_2+jb_2$$

则

$$A_1+A_2=a_1+jb_1+a_2+jb_2=(a_1+a_2)+j(b_1+b_2)$$
$$A_1-A_2=a_1+jb_1-a_2-jb_2=(a_1-a_2)+j(b_1-b_2)$$

两个复数进行乘除运算时,可将其化为指数形式或极坐标形式来计算。两个复数相乘时,模相乘,幅角相加;两个复数相除时,模相除,幅角相减。

如两个复数为

$$A_1=a_1+jb_1=r_1\underline{/\varphi_1},A_2=a_2+jb_2=r_2\underline{/\varphi_2}$$

则

$$A_1A_2=r_1\underline{/\varphi_1}\cdot r_2\underline{/\varphi_2}=r_1r_2\underline{/\varphi_1+\varphi_2}$$

$$\frac{A_1}{A_2}=\frac{r_1\underline{/\varphi_1}}{r_2\underline{/\varphi_2}}=\frac{r_1}{r_2}\underline{/\varphi_1-\varphi_2}$$

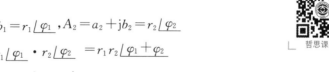

哲思课堂 7

3.2.2 正弦量的相量表达式

由于正弦量和有向线段有相似的特征,故可以用复数表示正弦量。为了与一般的复数相区别,将表示正弦量的复数称为相量,并在大写字母上方加"·"表示。于是表示正弦电压 $u=U_m\sin(\omega t+\varphi)$ 的相量为

正弦量的相量表示

$$\dot{U}_{m}=U_{m}(\cos\varphi+j\sin\varphi)=U_{m}e^{j\varphi}=U_{m}\underline{/\varphi}$$

或

$$\dot{U}=U(\cos\varphi+j\sin\varphi)=Ue^{j\varphi}=U\underline{/\varphi}$$

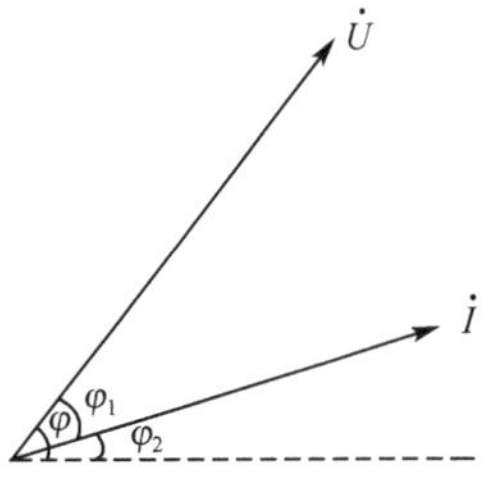

式中，U_{m} 为电压的幅值相量；$\dot{U}$ 为电压的有效值相量。

必须强调的是，相量与正弦量的关系是一种对应关系或变换关系或代表关系，而不是相等关系，因为一个复常数不可能与一个时间的实函数相等。

按照正弦量的大小和相位关系，共用初始位置的有向线段绘出的若干个相量的图形，称为相量图。如图 3-5 所示。

图 3-5 电压和电流的相量图

例3-3

试写出表示 $u_{U}=220\sqrt{2}\sin(314t)$ V，$u_{V}=220\sqrt{2}\sin(314t-120°)$ V 和 $u_{W}=220\sqrt{2}\sin(314t+120°)$ V 的相量，并绘出相量图。

解 分别用有效值相量 $\dot{U}_{U}$、$\dot{U}_{V}$ 和 $\dot{U}_{W}$ 表示正弦电压 u_{U}、u_{V} 和 u_{W}，则

$$\dot{U}_{U}=220\underline{/0°}\ \text{V}=220\ \text{V}$$

$$\dot{U}_{V}=220\underline{/-120°}\ \text{V}=220\left(-\frac{1}{2}-j\frac{\sqrt{3}}{2}\right)\ \text{V}$$

$$\dot{U}_{W}=220\underline{/120°}\ \text{V}=220\left(-\frac{1}{2}+j\frac{\sqrt{3}}{2}\right)\ \text{V}$$

相量图如图 3-6 所示。

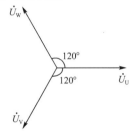

图 3-6 例 3-3 相量图

例3-4

$u_{1}=220\sqrt{2}\sin(\omega t)$ V，$u_{2}=220\sqrt{2}\sin(\omega t-30°)$ V，求：$u_{1}+u_{2}$；$u_{1}-u_{2}$。

解 用相量直接求解

电压 u_{1}、u_{2} 的相量形式为

$$\dot{U}_{1}=220\underline{/0°}\ \text{V}=(220+0j)\ \text{V}$$

$$\dot{U}_{2}=220\underline{/-30°}\ \text{V}=220\cos(-30°)+j220\sin(-30°)\ \text{V}=190.5-110j\ \text{V}$$

当两个电压相加时，有

$$\dot{U}_{1}+\dot{U}_{2}=220+190.5-110j\ \text{V}=410.5-110j\ \text{V}=425\underline{/-15°}\ \text{V}$$

即

$$u_{1}+u_{2}=425\sqrt{2}\sin(\omega t-15°)\ \text{V}$$

当两个电压相减时，有

$$\dot{U}_{1}-\dot{U}_{2}=220-190.5+110j\ \text{V}=29.5+110j\ \text{V}=113.9\underline{/75°}\ \text{V}$$

即

$$u_{1}-u_{2}=113.9\sqrt{2}\sin(\omega t+75°)\ \text{V}$$

练一练

1. 指出下列各式中的错误。

(1) $u(t) = 141\sin(3\,140t - 20°) \text{ V} = 141e^{-j20°} \text{ V}$

(2) $I = 25\underline{/-30°} \text{ A}$

2. 当 $i = i_1 + i_2$ 时，一定有 $I = I_1 + I_2$ 吗？$\dot{I} = \dot{I}_1 + \dot{I}_2$ 成立吗？

3.3　正弦电路定律的相量形式

3.3.1　基尔霍夫定律的相量形式

正弦交流电路中各支路电流、电压都是同频率的正弦量，因此可以用相量法将基尔霍夫电流定律（KCL）和基尔霍夫电压定律（KVL）转化为相量形式。

对于电路中的任意节点，KCL 的瞬时值表达式为

$$\sum i = 0 \tag{3-7}$$

由于所有支路的电流都是同频率的正弦量，所以 KCL 的相量形式为

$$\sum \dot{I} = 0 \tag{3-8}$$

式（3-8）表明，在正弦交流电路中，流出或流入任一节点的各支路电流相量的代数和等于零。

同理，KVL 的相量形式为

$$\sum \dot{U} = 0 \tag{3-9}$$

式（3-9）表明，在正弦交流电路中，沿任一回路各支路电压相量的代数和等于零。

应用 KCL、KVL 进行相量和、差运算时，应满足复数和、差的运算规则或矢量和、差的运算规则。从相量图的角度看 KCL、KVL，任意 KCL 或 KVL 方程中的各相量，在复平面上必构成一个封闭多边形。

注意：在正弦稳态下，各节点电流、各回路电压的瞬时值与相量分别满足 KCL、KVL，但电流、电压的有效值一般情况下不满足 KCL、KVL。

3.3.2　电阻、电感、电容元件伏安关系的相量形式

1. 电阻元件伏安关系的相量形式

如图 3-7（a）所示的电阻元件电路，在正弦稳态下的伏安关系为

$$u_R = Ri_R$$

u_R 和 i_R 是同频率的正弦量，其相量形式为

$$\dot{U}_R = R\dot{I}_R \tag{3-10}$$

或写成

$$U_R\underline{/\varphi_u} = RI_R\underline{/\varphi_i} \tag{3-11}$$

式(3-11)是电阻元件伏安关系的相量形式,由此可得出以下结论:

(1)$U_R = RI_R$,即电阻元件的端电压有效值等于电流有效值乘以电阻值。

(2)$\underline{/\varphi_u} = \underline{/\varphi_i}$,即电阻上的电压与电流同相位。

如图 3-7(b)所示为电阻元件的端电压、电流相量形式的示意图,如图 3-7(c)所示为电阻元件的端电压与电流的相量图。

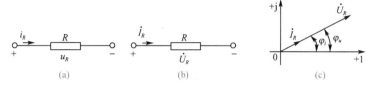

图 3-7　电阻元件伏安关系的相量形式

2. 电感元件伏安关系的相量形式

如图 3-8(a)所示的电感元件电路,在正弦稳态下伏安关系为

$$u_L = L\frac{\mathrm{d}i_L}{\mathrm{d}t}$$

其相量形式为

$$\dot{U}_L = \mathrm{j}\omega L\dot{I}_L \tag{3-12}$$

或写成

$$U_L\underline{/\varphi_u} = \omega LI_L\underline{/\varphi_i + 90°} \tag{3-13}$$

式(3-13)称为电感元件伏安关系的相量形式。由此可得出以下结论:

(1)$U_L = \omega LI_L$,即电感元件的端电压有效值等于电流有效值、角频率和自感三者之积。

(2)$\varphi_u = \varphi_i + 90°$,即电感上电压相位超前电流相位 90°。

如图 3-8(b)所示为电感元件的端电压、电流相量形式的示意图,如图 3-8(c)所示为电感元件的端电压与电流的相量图。

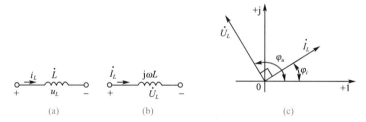

图 3-8　电感元件伏安关系的相量形式

由式(3-13),得

$$\frac{U_L}{I_L} = \omega L$$

记 $X_L = \omega L$,称为电感元件的感抗,国际单位制(SI)中,其单位为欧姆(Ω)。在电压、电流有效值的关系上,感抗与电阻相当;当一定大小的电流通过电感时,频率越高,感抗越大,

电感两端电压越大。这是因为频率越高,电流和相应的磁通变化越快,自感电动势和自感电压也就越大。因此在正弦稳态电路中,感抗体现了电感元件反抗电流通过的作用。对于两种极端情况,有:

$f \to \infty$ 时,$X_L = \omega L \to \infty$,$I_L \to 0$。即电感元件对高频率的电流有极强的抑制作用,在极限情况下,它相当于开路。因此,在电子电路中,常用电感线圈作为高频扼流圈。

$f \to 0$ 时,$X_L = \omega L \to 0$,$U_L \to 0$。即电感元件对于直流电流相当于短路。

例 3-5 ●

一个 $L = 2$ H 的电感元件,其两端电压为 $u(t) = 16\sqrt{2}\sin(\omega t + 30°)$ V,$\omega = 10$ rad/s,求流过电感元件的电流 $i(t)$。

解 用相量法求解,得

$$\dot{U} = 16 \underline{/30°}\ \text{V}$$

$$\dot{I} = \frac{\dot{U}}{j\omega L} = \frac{16 \underline{/30°}}{10 \times 2j}\ \text{A} = 0.8 \underline{/-60°}\ \text{A}$$

$$i(t) = 0.8\sqrt{2}\sin(\omega t - 60°)\ \text{A}$$

3. 电容元件伏安关系的相量形式

如图 3-9(a)所示正弦稳态下的电容元件,在正弦稳态下的伏安关系为

$$i_C = C\frac{\mathrm{d}u_C}{\mathrm{d}t}$$

其相量形式为

$$\dot{I}_C = j\omega C\dot{U}_C \tag{3-14}$$

或写成

$$I_C \underline{/\varphi_i} = \omega C U_C \underline{/\varphi_u + 90°} \tag{3-15}$$

式(3-15)称为电容元件伏安关系的相量形式。由此可得出以下结论:

(1)$I_C = \omega C U_C$,即流过电容的电流有效值等于电压有效值、角频率和电容三者之积。

(2)$\varphi_i = \varphi_u + 90°$,即电容上电流相位超前电压相位 90°。

如图 3-9(b)所示为电容元件的端电压、电流相量形式,如图 3-9(c)所示为电容元件端电压、电流的相量图。

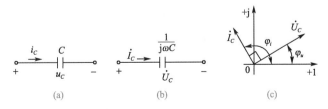

(a)　　　　　　　(b)　　　　　　　(c)

图 3-9　电容元件伏安关系的相量形式

由式(3-15),得

$$\frac{U_C}{I_C} = \frac{1}{\omega C}$$

记 $X_C = \frac{1}{\omega C}$,称为电容元件的容抗,国际单位制(SI)中,其单位为欧姆(Ω)。在电压、电流有效值的关系上,容抗与电阻相当;当电容元件两端的电压一定时,频率越高,容抗越小,电流越大。这是由于频率越高,电容上电压变化越快,在相同时间内移动的电荷越多的缘故。

对于两种极端的情况,有:

$f \rightarrow \infty$ 时,$X_C = \frac{1}{\omega C} \rightarrow 0$,$U_C \rightarrow 0$。即电容元件对高频率电流有极强的导流作用,在极限情况下,它相当于短路。因此,在电子电路中,常用电容元件作为旁路高频元件使用。

$f \rightarrow 0$ 时,$X_C = \frac{1}{\omega C} \rightarrow \infty$,$I_C \rightarrow 0$。即电容对于直流电流相当于开路。因此,电容元件具有隔直流通交流的作用。在电子电路中,常用电容元件作为隔离直流元件使用。

练一练

1. 0.7 H 的电感在 50 Hz 时的感抗为多少?80 μF 的电容在 120 Hz 时的容抗为多少?

2. 一个电容在 1 kHz 时容抗的大小为 20 Ω,那么 20 kHz 时该电容的容抗大小为多少?

3.4 阻抗的计算

3.4.1 阻抗和导纳

由上面的讨论可知,对于一个含线性电阻、电感和电容等元件,但不含独立电源的单端口网络 N,如图 3-10(a)所示,当它在角频率为 ω 的正弦电压或正弦电流激励下处于稳定状态时,端口的电流或电压将是同频率的正弦量。定义端口电压相量 $\dot{U}$ 与电流相量 $\dot{I}$ 的比值为该端口的阻抗(又称复数阻抗),用大写字母 Z 表示,其电路符号如图 3-10(b)所示。

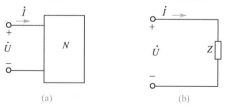

(a)   (b)

图 3-10　无源二端电路

按照定义得

$$Z=\frac{\dot{U}}{\dot{I}}=\frac{U\underline{/\varphi_u}}{I\underline{/\varphi_i}}=\frac{U}{I}\underline{/\varphi_u-\varphi_i}=|Z|\underline{/\varphi_Z}$$

故 $$Z=|Z|\cos\varphi_Z+j|Z|\sin\varphi_Z=R+jX \qquad (3-16)$$

式中，$R=|Z|\cos\varphi_Z$，称为交流电阻，简称电阻；$X=|Z|\sin\varphi_Z$，称为交流电抗，简称电抗；$|Z|=\dfrac{U}{I}$ 为阻抗 Z 的模，即端口电压有效值与电流有效值之比；$\varphi_Z=\varphi_u-\varphi_i$ 为阻抗角，即电压与电流的相位差。

显然，阻抗 Z 具有与电阻相同的量纲。阻抗不代表正弦量，不能称为相量，它是计算量，故字母 Z 上不加"·"。

复数形式的欧姆定律为

$$\dot{I}=\frac{\dot{U}}{Z} \qquad (3-17)$$

导纳（又称复数导纳）定义为同一端口上电流相量 $\dot{I}$ 与电压相量 $\dot{U}$ 之比，用 Y 表示，即

$$Y=\frac{\dot{I}}{\dot{U}}=\frac{I\underline{/\varphi_i}}{U\underline{/\varphi_u}}=\frac{I}{U}\underline{/\varphi_i-\varphi_u}=|Y|\underline{/\varphi_Y}=|Y|\cos\varphi_Y+j|Y|\sin\varphi_Y$$

故 $$Y=G+jB \qquad (3-18)$$

式中，$G=|Y|\cos\varphi_Y$，称为交流电导，简称电导；$B=|Y|\sin\varphi_Y$，称为交流电纳，简称电纳。

导纳 Y 具有与电导相同的量纲。导纳不代表正弦量，不能称为相量，它是计算量，故字母 Y 上不加"·"。

由以上定义可知，相同端口的阻抗和导纳互为倒数，即

$$Z=\frac{1}{Y}$$

依据上述阻抗和导纳的定义得 R、L、C 单个元件的复阻抗分别为

$$Z_R=R$$

$$Z_L=j\omega L$$

$$Z_C=\frac{1}{j\omega C}=-j\frac{1}{\omega C}$$

由阻抗与导纳的关系得到 R、L、C 单个元件的复导纳分别为

$$Y_R=\frac{1}{R}$$

$$Y_L=\frac{1}{j\omega L}=-j\frac{1}{\omega L}$$

$$Y_C=j\omega C$$

3.4.2　电路的阻抗计算

RLC 串联电路在角频率为 ω 的正弦电压激励下,其复阻抗为

$$Z=\frac{\dot U}{\dot I}=R+j\omega L+\frac{1}{j\omega C}=R+j(\omega L-\frac{1}{\omega C})$$

$$=R+j(X_L-X_C)=R+jX=|Z|e^{j\varphi_Z} \tag{3-19}$$

式中,$X_L=\omega L$,为感抗;$X_C=\dfrac{1}{\omega C}$,为容抗;$X=X_L-X_C$,称为串联电路的电抗。

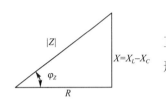

图 3-11　阻抗三角形

按阻抗 Z 的代数形式,R、X、$|Z|$ 之间的关系可以用一个直角三角形表示,如图 3-11 所示。这个三角形称为阻抗三角形。可以看出 Z 的模和辐角关系为

$$|Z|=\sqrt{R^2+X^2},\varphi_Z=\arctan(\frac{X_L-X_C}{R})=\arctan(\frac{X}{R})$$

且

$$R=|Z|\cos\varphi_Z,X=|Z|\sin\varphi_Z$$

RLC 串联电路的性质由阻抗 Z 的阻抗角 $\varphi_Z=\arctan(\dfrac{X_L-X_C}{R})=\arctan(\dfrac{X}{R})$ 决定,即由电抗 $X=X_L-X_C$ 的大小和正负确定,具体如下:

(1)当 $X_L>X_C$ 时,$X>0$,$\varphi_Z>0$,电路中电压超前电流 φ_Z,电路呈感性。电路相当于电阻 R 与等值电感串联的电路。

(2)当 $X_L<X_C$ 时,$X<0$,$\varphi_Z<0$,电路中电压滞后电流 φ_Z,电路呈容性。电路相当于电阻 R 与等值电容串联的电路。

(3)当 $X_L=X_C$ 时,$X=0$,$\varphi_Z=0$,电路中电压和电流同相,电路呈电阻性。这是 RLC 串联电路的一种特殊状态,称为串联谐振。

当正弦电流电路用它的相量模型表示后,KCL 的形式为 $\sum \dot I=0$,KVL 的形式为 $\sum \dot U=0$;元件电压电流关系的相量形式为 $\dot U=Z\dot I$ 或 $\dot I=Y\dot U$。对于电阻,$Z_R=R$;对于电容,$Z_C=\dfrac{1}{j\omega C}$;对于电感,$Z_L=j\omega L$。显然,这些关系在形式上与直流电阻电路中关系完全相同,因此,对相量模型的分析完全可以按照电阻电路中的分析方法进行。

对于阻抗的串联,其等效阻抗和分压公式分别为

$$Z=\sum_{k=1}^{n}Z_k,\dot U_k=\frac{Z_k}{Z}\dot U$$

对于阻抗(导纳)的并联,其等效导纳和分流公式分别为

$$Y = \sum_{k=1}^{n} Y_k, \dot{I}_k = \frac{Y_k}{Y}\dot{I} = \frac{Z}{Z_k}\dot{I}$$

其中,两个复阻抗并联的等效复阻抗及分流公式分别为

$$Z = \frac{Z_1 Z_2}{Z_1 + Z_2}, \dot{I}_1 = \frac{Z_2}{Z_1 + Z_2}\dot{I}, \dot{I}_2 = \frac{Z_1}{Z_1 + Z_2}\dot{I}$$

例3-6 ●

电路如图 3-12(a)所示,已知 $u_S(t) = 100\sqrt{2}\sin(2t + 90°)$ V,$R = 2$ Ω,$L = 2$ H,$C = 0.25$ F,求电路中电流和各元件上的电压。

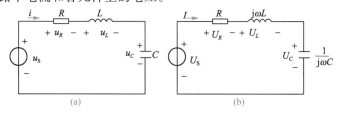

图 3-12   例 3-6 电路

解   绘出原电路的相量模型如图 3-12(b)所示,根据已知条件得到

$$\dot{U}_S = 100 \underline{/90°} \text{ V}$$

根据式(3-19)得

$$Z = Z_R + Z_L + Z_C = [2 + (2 \times 2)j + \frac{1}{2 \times 0.25j}] \text{ Ω} = (2 + 2j) \text{ Ω} = 2\sqrt{2} \underline{/45°} \text{ Ω}$$

故

$$\dot{I} = \frac{\dot{U}_S}{Z} = \frac{100 \underline{/90°}}{2\sqrt{2} \underline{/45°}} = 25\sqrt{2} \underline{/45°} \text{ A}$$

$$\dot{U}_R = Z_R \dot{I} = 2 \text{ Ω} \times 25\sqrt{2} \underline{/45°} \text{ A} = 50\sqrt{2} \underline{/45°} \text{ V}$$

$$\dot{U}_L = Z_L \dot{I} = (2 \times 2j) \text{ Ω} \times 25\sqrt{2} \underline{/45°} \text{ A} = 100\sqrt{2} \underline{/135°} \text{ V}$$

$$\dot{U}_C = Z_C \dot{I} = (\frac{1}{2 \times 0.25j}) \text{ Ω} \times 25\sqrt{2} \underline{/45°} \text{ A} = 50\sqrt{2} \underline{/-45°} \text{ V}$$

瞬时值表达式为

$$i(t) = 50\sin(2t + 45°) \text{ A}$$

$$u_R(t) = 100\sin(2t + 45°) \text{ V}$$

$$u_L(t) = 200\sin(2t + 135°) \text{ V}$$

$$u_C(t) = 100\sin(2t - 45°) \text{ V}$$

电路如图 3-13(a)所示,已知 $R_1 = R_2 = 1\ \Omega$,$L = 0.25\ H$,$C = 0.5\ F$。求在 $\omega = 1\ rad/s$,$\omega = 4\ rad/s$ 时,两种电源频率下的端口等效阻抗和导纳。

解 该电路的相量模型如图 3-13(b)所示,R_1、L 串联支路用阻抗表示,R_2、C 并联支路用导纳表示,利用串并联有

$$Z = R_1 + j\omega L + \frac{1}{G_2 + j\omega C},\ Y = \frac{1}{Z}$$

当 $\omega = 1\ rad/s$ 时,有

$$Z = 1 + 0.25j + \frac{1}{1 + 0.5j}\ \Omega = 1 + 0.25j + 0.8 - 0.4j\ \Omega = 1.8 - 0.15j\ \Omega$$

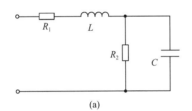
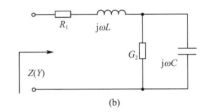

图 3-13 例 3-7 电路

$$Y = \frac{1}{Z} = \frac{1}{1.8 - 0.15j}\ S = \frac{1.8}{1.8^2 + 0.15^2} + \frac{0.15}{1.8^2 + 0.15^2}j\ S = 0.55 + 0.046j\ S$$

当 $\omega = 4\ rad/s$ 时,有

$$Z = 1 + 4j \times 0.25 + \frac{1}{1 + 4j \times 0.5}\ \Omega = 1 + 1j + 0.2 - 0.4j\ \Omega = 1.2 + 0.6j\ \Omega$$

$$Y = \frac{1}{Z} = \frac{1}{1.2 + 0.6j}\ S = \frac{1.2}{1.2^2 + 0.6^2} - \frac{0.6}{1.2^2 + 0.6^2}j\ S = 0.67 - 0.33j\ S$$

例 3-7 反映出,二端电路的阻抗、导纳以及电路的性质都随电源频率的变化而变化。当 $\omega = 1\ rad/s$ 时,阻抗呈现出容性;当 $\omega = 4\ rad/s$ 时,阻抗呈现出感性。

电路如图 3-14 所示，$R_1 = 20\ \Omega$，$R_2 = 15\ \Omega$，$X_L = 15\ \Omega$，$X_C = 15\ \Omega$，电源电压 $\dot{U} = 220\underline{/0°}$ V。求：

(1)电路的等效阻抗 Z。

(2)电流 $\dot{I}_1$、$\dot{I}_2$ 和 $\dot{I}$。

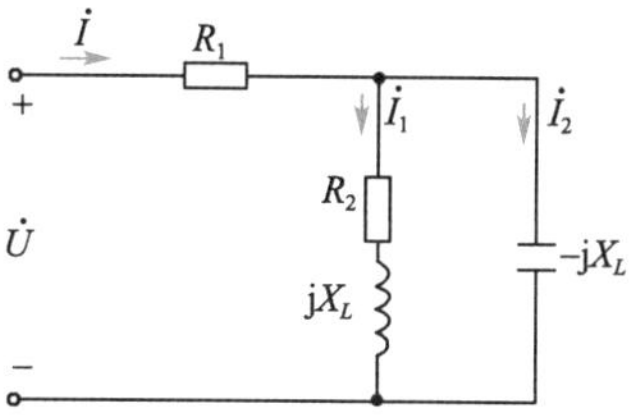

图 3-14 例 3-8 电路

解 (1) $Z = R_1 + \dfrac{(R_2 + jX_L)(-jX_C)}{(R_2 + jX_L) + (-jX_C)}$

$= 20\ \Omega + \dfrac{(15 + 15j)(-15j)}{(15 + 15j) + (-15j)}\ \Omega$

$= 20\ \Omega + \dfrac{(15\sqrt{2}\underline{/45°}) \times (15\underline{/90°})}{15}\ \Omega$

$= 20\ \Omega + 15\sqrt{2}\underline{/-45°}\ \Omega = 35 - 15j\ \Omega = 38.1\underline{/-23.2°}\ \Omega$

(2) $\qquad \dot{I} = \dfrac{\dot{U}}{Z} = \dfrac{220\underline{/0°}\ \text{V}}{38.1\underline{/-23.2°}\ \Omega} = 5.77\underline{/23.2°}\ \text{A}$

由分流公式得

$\dot{I}_1 = \dfrac{-jX_C}{(R_2 + jX_L) + (-jX_C)}\dot{I} = \dfrac{-15j}{(15 + 15j) + (-15j)} \times 5.77\underline{/23.2°}\ \text{A}$

$= 5.77\underline{/-66.8°}\ \text{A}$

$\dot{I}_2 = \dfrac{R_2 + jX_L}{(R_2 + jX_L) + (-jX_C)}\dot{I} = \dfrac{15 + 15j}{(15 + 15j) + (-15j)} \times 5.77\underline{/23.2°}\ \text{A}$

$= 8.16\underline{/68.2°}\ \text{A}$

练一练

1.在 80 Hz 时，一个 20 Ω 的电阻和一个 20 mH 的电感串联的阻抗大小是多少？

2.在 800 Hz 时，求阻抗大小为 12 Ω 的电容值和电感值。此电容和电感在 1.6 kHz 时的电抗是多少？将这个电容和电感串联起来，频率为 1.2 kHz 时的阻抗为多少？

3.5 正弦交流电路稳态分析

正弦交流电路中，如果构成电路的电阻、电感、电容元件都是线性的，且电路中的正弦电源都是同频率的，那么电路中的各部分电压和电流仍将是同频率的正弦量。此时分析计算电路就可以采用相量法。

分析线性直流电路的各种定理和计算方法，都可以用于正弦稳态的分析计算。与电阻网络的求解方法的选择相类似，正弦稳态电路中，究竟采用哪种求解方法，也要看电路的结构、支路的特点及所求问题去决定。二者的区别在于电阻电路得到的方程为代数方程,运算为代数运算;而正弦交流电路得到的方程为相量形式的代数方程(复数方程),运算为复数运算。一般步骤如下:

(1)将电路中的电压、电流都表示为相量形式,每个元件或无源二端网络都用阻抗或导纳表示,绘制电路的相量模型图。

(2)运用线性直流电路中所用的定律、定理和分析方法进行计算。

(3)根据要求,写出正弦量的解析式或计算出其他量。

例3-9

电路如图 3-15(a)所示,已知 $u(t) = 220\sqrt{2}\sin(1\,000t + 45°)$ V,$R = 20$ Ω,$L = 20$ mH,$C = 100$ μF,求 $i(t)$。

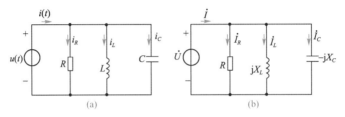

图 3-15 例 3-9 电路

解 绘出如图 3-15(a)所示电路的相量模型图,如图 3-15(b)所示。根据已知条件,将电压源用相量表示为

$$\dot{U} = 220\underline{/45°}\ \text{V}$$

则

$$\dot{I}_R = \frac{\dot{U}}{R} = \frac{220\underline{/45°}\ \text{V}}{20\ \Omega} = 11\underline{/45°}\ \text{A} = 5.5\sqrt{2} + 5.5\sqrt{2}\text{j}\ \text{A}$$

$$\dot{I}_C = \text{j}\omega C\dot{U} = 1\,000 \times 100 \times 10^{-6} \times 220\underline{/45°}\ \text{j}\ \text{A}$$

$$= 22\underline{/135°}\ \text{A} = -11\sqrt{2} + 11\sqrt{2}\text{j}\ \text{A}$$

$$\dot{I}_L = \frac{\dot{U}}{\text{j}\omega L} = \frac{220\underline{/45°}}{1\,000 \times 20 \times 10^{-3}\text{j}}\ \text{A} = 11\underline{/-45°}\ \text{A} = 5.5\sqrt{2} - 5.5\sqrt{2}\text{j}\ \text{A}$$

由 KCL 得

$$\dot{I} = \dot{I}_R + \dot{I}_C + \dot{I}_L$$

$$= (5.5\sqrt{2} + 5.5\sqrt{2}\text{j})\ \text{A} + (-11\sqrt{2} + 11\sqrt{2}\text{j})\ \text{A} + (5.5\sqrt{2} - 5.5\sqrt{2}\text{j})\ \text{A}$$

$$= 11\sqrt{2}\text{j}\ \text{A} = 11\sqrt{2}\underline{/90°}\ \text{A}$$

瞬时值表达式为

$$i(t) = 22\sin(1\,000t + 90°)\ \text{A}$$

在图 3-16(a)所示电路中,已知电压源为 $u_S=50\sqrt{2}\sin(\omega t)$ V,电流源为 $i_S=10\sqrt{2}\sin(\omega t+30°)$ A,$X_L=\omega L=5$ Ω,$X_C=\dfrac{1}{\omega C}=3$ Ω,求电压 u_C。

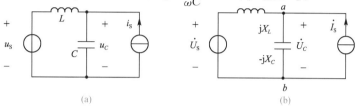

(a)　　　　　　　　(b)

图 3-16　例 3-10 电路

解　首先绘出电路的相量模型图,如图 3-16(b)所示。下面用直流电路中常用的几种方法进行求解计算。

(1)电源等效变换的方法

将 jX_L 看作电压源 $\dot{U}_S$ 的内阻抗,把它们一起变换成电流源,如图 3-17(a)所示。

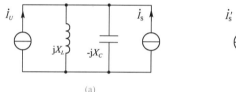
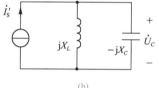

(a)　　　　　　　　(b)

图 3-17　例 3-10 电路的电流源形式

$$\dot{I}_U=\frac{\dot{U}_S}{jX_L}=\frac{50\angle-0°}{5j}\text{ A}=10\angle-90°\text{ A}$$

再将两个理想电流源相量合并成一个理想电流源相量,如图 3-17(b)所示。

$$\dot{I}'_S=\dot{I}_U+\dot{I}_S=10\angle-90°+10\angle-30°=-10j+8.66+5j\text{ A}=10\angle-30°\text{ A}$$

利用分流公式计算出电容支路的电流相量为

$$\dot{I}_C=\dot{I}'_S\frac{jX_L}{jX_L-jX_C}=10\angle-30°\times\frac{5j}{5j-3j}\text{ A}=25\angle-30°\text{ A}$$

求解电容电压为

$$\dot{U}_C=-jX_C\dot{I}_C=3\angle-90°\times25\angle-30°\text{ V}=75\angle-125°\text{ V}$$
$$u_C=75\sqrt{2}\sin(\omega t-120°)\text{ V}$$

(2)应用叠加定理的方法

理想电压源相量单独作用时,将理想电流源开路,电路如图 3-18(a)所示。

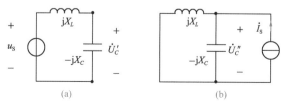

(a)　　　　　　　　(b)

图 3-18　例 3-10 应用叠加定理的电路

理想电压源相量单独作用时,电容电压分量为

$$\dot{U}'_C = \frac{\dot{U}_s}{\mathrm{j}X_L - \mathrm{j}X_C}(-\mathrm{j}X_C) = \frac{50\angle 0°}{5\mathrm{j}-3\mathrm{j}} \times (-3\mathrm{j}) \text{ V} = -75 \text{ V}$$

理想电流源相量单独作用时,将理想电压源相量短路,电路如图 3-18(b)所示。电容电压分量为

$$\dot{U}''_C = \dot{I}_s \frac{\mathrm{j}X_L}{\mathrm{j}X_L - \mathrm{j}X_C}(-\mathrm{j}X_C) = 10\angle 30° \times \frac{5\mathrm{j}}{5\mathrm{j}-3\mathrm{j}} \times (-3\mathrm{j}) \text{ V} = 75\angle -60° \text{ V}$$

故电容电压为

$$\dot{U}_C = \dot{U}'_C + \dot{U}''_C = -75 \text{ V} + 75\angle -60° \text{ V} = 75\angle -120° \text{ V}$$

(3)应用戴维南定理的方法

求开路电压相量和等效内阻抗的电路如图 3-19 所示。

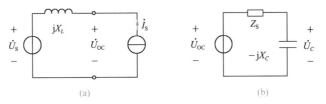

图 3-19 例 3-10 应用戴维南定理的电路

由图 3-19(a),利用 KVL 有开路电压相量为

$$\dot{U}_{\mathrm{OC}} = \mathrm{j}X_L\dot{I} + \dot{U}_s = 5\mathrm{j} \times 10\angle -30° \text{ V} + 50\angle 0° \text{ V} = (-25+43.3\mathrm{j}) \text{ V} + 50 \text{ V}$$
$$= 50\angle -60° \text{ V}$$

等效内阻抗为

$$Z_s = \mathrm{j}X_L = 5\mathrm{j}$$

戴维南等效电路如图 3-19(b)所示,求得电容电压为

$$\dot{U}_C = \frac{\dot{U}_{\mathrm{OC}}}{Z_s - \mathrm{j}X_C}(-\mathrm{j}X_C) = \frac{50\angle 60°}{5\mathrm{j}-3\mathrm{j}} \times (-3\mathrm{j}) \text{ V} = -75\angle -60° \text{ V} = 75\angle -120° \text{ V}$$

(4)应用节电法进行求解的方法

以图 3-16(b)中的节点 b 为参考点,节点电压方程为

$$\left(\frac{1}{\mathrm{j}X_L} + \frac{1}{-\mathrm{j}X_C}\right)\dot{U}_a = \dot{I}_s + \frac{\dot{U}_s}{\mathrm{j}X_L}$$

即

$$\left(\frac{1}{5\mathrm{j}} - \frac{1}{3\mathrm{j}}\right)\dot{U}_a = 10\angle -30° + \frac{50\angle 0°}{\mathrm{j}5} = 10\angle -30°$$

解得电容电压为

$$\dot{U}_C = \dot{U}_a = \frac{15\mathrm{j}}{2} \times 10\angle -30° \text{ V} = 75\angle -120° \text{ V}$$

例3-11

电路如图 3-20(a)所示,$Z=(5+5j)$ Ω,用戴维南定理求解 $\dot{I}$。

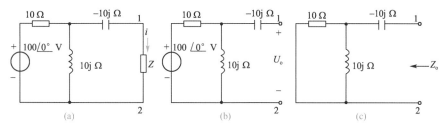

图 3-20 例 3-11 电路

解 如图 3-20(b)所示电路,将负载断开,求开路电压 $\dot{U}_o$,得

$$\dot{U}_o=\frac{100\angle 0^\circ}{10+10j}\times 10j \text{ V}=50\sqrt{2}\angle 45^\circ \text{ V}$$

如图 3-20(c)所示电路,将电压源短路,求等效内阻抗 Z_o,得

$$Z_o=\frac{10\times 10j}{10+10j}+(-10j) \text{ Ω}=5\sqrt{2}\angle -45^\circ \text{ Ω}$$

戴维南等效电路如图 3-21 所示,电流为

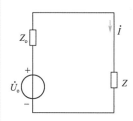

图 3-21 例 3-11 等效电路

$$\dot{I}=\frac{\dot{U}_o}{Z_o+Z}=\frac{50\sqrt{2}\angle 45^\circ}{5\sqrt{2}\angle -45^\circ +5+5j} \text{ A}=5\sqrt{2}\angle 45^\circ \text{ A}$$

练一练

1. 如图 3-22 所示电路中,$R_1=100$ Ω,$R_2=100$ Ω,$R_3=50$ Ω,$C_1=10$ μF,$L_3=50$ mH,$U=100$ V,$\omega=1\ 000$ rad/s,求各支路电流。

2. 如图 3-23 所示电路中,两台交流发电机并联运行,供电给 $Z=5+5j$ Ω 的负载。每台发电机的理想电压源电压 U_{S1}、U_{S2} 均为 110 V,内阻抗 $Z_1=Z_2=1+j$ Ω,两台发电机的相位差为 30°。求负载电流 $\dot{I}$。

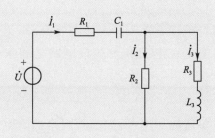

图 3-22 练一练 1 电路

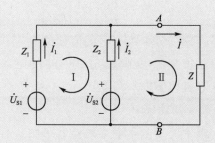

图 3-23 练一练 2 电路

项目 3 单相正弦交流电路的分析

3.6　正弦稳态电路的功率及功率因数的增大

案例导入 1

电气设备及其负载都要提供或吸收一定的功率。例如，某台变压器提供的容量为 $250\ \mathrm{kV \cdot A}$，某台电动机的额定功率为 $2.5\ \mathrm{kW}$，某盏白炽灯的功率为 $60\ \mathrm{W}$，等等。由于电路中负载性质的不同，它们的功率性质及大小也各自不一样。例如，前面所提到的感性负载就不一定全部都吸收或消耗能量。所以要对电路中的不同功率进行分析。

案例导入 2

电力系统中的负载大多是呈感性的。这类负载不仅消耗电网能量，还要占用电网能量，这是不希望发生的现象。日光灯内带有电容器就是为了减小感性负载所占用的电网能量。这种利用电容来达到减小占用电网能量的方法称为无功补偿法，也就是本节后面提到的功率因数提高的方法。

3.6.1　正弦稳态电路的功率

1.瞬时功率 $p(t)$

如图 3-24(a)所示线性无源的二端网络，端口电压与电流分别为

$$u=\sqrt{2}U\sin(\omega t+\varphi_u),\ i=\sqrt{2}I\sin(\omega t+\varphi_i)$$

因此电压与电流的相位差为 $\varphi=\varphi_u-\varphi_i$。

设 $\varphi_i=0$，则

$$u=\sqrt{2}U\sin(\omega t+\varphi),\ i=\sqrt{2}I\sin(\omega t)$$

于是

$$p(t)=ui=[\sqrt{2}U\sin(\omega t+\varphi)][\sqrt{2}I\sin(\omega t)]$$

故

$$p(t)=UI\cos\varphi[1-\cos(2\omega t)]+UI\sin\varphi\sin(2\omega t) \qquad (3\text{-}20)$$

式(3-20)中第一项的值始终大于或等于零，它是瞬时功率中的不可逆部分；第二项的值正负交替，是瞬时功率中的可逆部分，说明能量在电源和单端口电路之间来回交换。瞬时功率波形图如图 3-24(b)所示。

2.平均功率 P

由于二端网络中一般总有电阻，而电阻又总要消耗功率，所以二端网络的瞬时功率虽然有正有负，但二端网络吸收的平均功率一般恒大于零。

平均功率又称为有功功率，是瞬时功率在一个周期内的平均值，即

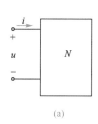
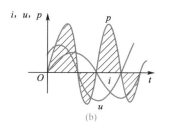

图 3-24　线性无源的二端网络瞬时功率波形图

$$P=\frac{1}{T}\int_0^T p(t)\mathrm{d}t=\frac{1}{T}\int_0^T[UI\cos\varphi-UI\cos(2\omega t+\varphi)]\mathrm{d}t$$

$$P=UI\cos\varphi \tag{3-21}$$

式(3-21)代表正弦稳态电路平均功率的一般形式,它表明单端口电路实际消耗的功率不仅与电压、电流的大小有关,而且与电压和电流的相位差有关。式中,电压与电流的相位差 $\varphi=\varphi_u-\varphi_i$ 称为该端口的功率因数角;$\cos\varphi$ 称为该端口的功率因数,通常用 λ 表示,即 $\lambda=\cos\varphi$。

对电阻元件 R　　　　$\dot{U}_R=R\dot{I}_R$,$\varphi=0°$,$\cos\varphi=1$,$P_R=U_R I_R$

对电感元件 L　　　　$\dot{U}_L=\mathrm{j}\omega L\dot{I}_L$,$\varphi=90°$,$\cos\varphi=0$,$P_L=0$

对电容元件 C　　　　$\dot{I}_C=\mathrm{j}\omega C\dot{U}_C$,$\varphi=-90°$,$\cos\varphi=0$,$P_C=0$

如果二端网络仅由 R、L、C 元件组成,则可以证明它吸收的有功功率等于二端网络各部分消耗的有功功率的和,实际上,就是等于所有电阻消耗的功率的和。

在直流电路中,若测出电压与电流的量值,那么它们的乘积就是有功功率,因此在直流电路中一般不用功率表测量功率。但在正弦交流电路中,即使测出电路中电压与电流的有效值,它们的乘积还不是有功功率,因为有功功率还与功率因数有关,所以在正弦交流电路中需要采用功率表测量有功功率。

3. 无功功率 Q

电感和电容虽然并不消耗能量,但却会在二端网络与外电路之间造成能量的往返交换现象。工程上引入了无功功率的概念,用 Q 表示,其表达式为

$$Q=UI\sin\varphi \tag{3-22}$$

它与瞬时功率中的可逆部分有关,相对于有功功率而言,它不是实际的功率,而是反映了单端口电路与外部能量交换的最大速率。

无功功率是一些电气设备正常工作所必需的指标之一。无功功率的量纲与有功功率相同。为了反映其与有功功率的区别,无功功率的单位为乏(var)或千乏(kvar)。

可以证明,二端网络吸收的无功功率等于各部分吸收的无功功率的代数和。

4. 视在功率 S

电力设备的容量是由其额定电流与额定电压的乘积决定的。定义单二端网络的电流有效值与电压有效值的乘积为该端口的视在功率,用 S 表示。即

$$S=UI \tag{3-23}$$

视在功率的量纲与有功功率相同。为了反映其与有功功率的区别,视在功率的单位用伏安(V·A)或千伏安(kV·A)表示。视在功率表征了电气设备容量的大小。例如,发电机和变压器的容量是由它们的额定电压和额定电流来决定的,其中规定的额定电压受设备绝缘强度的限制,规定的额定电流受设备容许温升等因素的限制。在使用电气设备时,一般电压、电流都不能超过其额定值。

5. 功率三角形

有功功率 P、无功功率 Q、视在功率 S 之间存在着下列关系

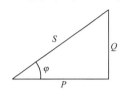

图 3-25　功率三角形

$$P=UI\cos\varphi=S\cos\varphi$$
$$Q=UI\sin\varphi=S\sin\varphi$$
$$S^2=P^2+Q^2$$

故
$$\varphi=\arctan\left(\frac{Q}{P}\right) \tag{3-24}$$

可见 P、Q、S 可以构成一个直角三角形,称为功率三角形,如图 3-25 所示。

在正弦稳态电路中所说的功率,如不加特殊说明,均指平均功率即有功功率。

例3-12

将 $R=60\ \Omega$ 的电阻与 $L=255\ \text{mH}$ 的电感串联后,接入频率为 $f=50\ \text{Hz}$,电压 $U=220\ \text{V}$ 的交流电路中,分别求 X_L、$|Z|$、U_R、U_L、$\cos\varphi$、P、Q、S。

解　感抗　$X_L=2\pi fL=2\pi\times50\ \text{Hz}\times255\times10^{-3}\ \text{H}\approx80\ \Omega$

阻抗　$|Z|=\sqrt{R^2+X_L^2}=\sqrt{(60\ \Omega)^2+(80\ \Omega)^2}=100\ \Omega$

电流　$I=\dfrac{U}{|Z|}=\dfrac{220\ \text{V}}{100\ \Omega}=2.2\ \text{A}$

电阻两端电压　$U_R=RI=60\ \Omega\times2.2\ \text{A}=132\ \text{V}$

电感两端电压　$U_L=X_LI=80\ \Omega\times2.2\ \text{A}=176\ \text{V}$

回路的功率因数　$\cos\varphi=\dfrac{R}{|Z|}=\dfrac{60\ \Omega}{100\ \Omega}=0.6$

有功功率　$P=UI\cos\varphi=220\ \text{V}\times2.2\ \text{A}\times0.6=290.4\ \text{W}$

无功功率　$Q=UI\sin\varphi=220\ \text{V}\times2.2\ \text{A}\times\sqrt{1-0.6^2}=387.2\ \text{var}$

视在功率　$S=UI=220\ \text{V}\times2.2\ \text{A}=484\ \text{V·A}$

3.6.2　功率因数的增大

1. 功率因数增大的意义

根据有功功率的计算公式 $P=UI\cos\varphi=S\cos\varphi$ 可知,发电机、变压器等电气设备输出的有功功率(负载消耗的有功功率),与负载的功率因数有关。如一台 1 000 kV·A 的变压

器,当负载的功率因数 $\cos\varphi=0.5$ 时,变压器提供的有功功率为 500 kW;当负载的功率因数 $\cos\varphi=0.8$ 时,变压器提供的有功功率为 800 kW。可见若要充分利用设备的容量,应增大负载的功率因数。同时功率因数的增大,还可以降低输电线路的电能损耗,并有利于增大供电质量和供电效率。因为当输送到负载的功率 P 一定时,在电压不变、负载的功率因数 $\cos\varphi$ 增大的条件下,输电线路电流 I 减小($I=\dfrac{P}{U\cos\varphi}$),线路功率损耗 $\Delta P=I^2r$ 大大降低;同时,变压器输入功率 $P_1=P+\Delta P$ 降低,供电效率 $\eta=\dfrac{P}{P_1}$ 提高;而且,输电线路上的压降 $\Delta U=Ir$ 减小,易于维持负载的额定电压 U 不变,从而使供电质量提高。

2. 功率因数增大的方法

负载通常为感性负载,因此常采用在负载两端并联电容的方法来增大电路的功率因数。如图 3-26 所示一感性负载 Z,接在电压为 $\dot U$ 的电源上,其有功功率为 P,功率因数为 $\cos\varphi_1$。如要将电路的功率因数增大到 $\cos\varphi_2$,就应采用在负载 Z 的两端并联电容 C 的方法实现。下面介绍并联电容 C 的计算方法。

设并联电容 C 之前电路的无功功率 $Q_1=P\tan\varphi_1$,电路的有功功率为 P;并联电容 C 之后电路的无功功率 $Q_2=P\tan\varphi_2$,有功功率仍为 P。则电路吸收的无功功率

$$\Delta Q=P(\tan\varphi_1-\tan\varphi_2)$$

即电源发出的无功功率减小,如图 3-27 所示。

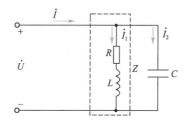

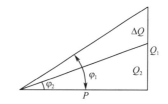

图 3-26 感性负载并联电容增大功率因数　　　　图 3-27 无功功率关系

并联电容提供的无功功率 $Q_C=I^2X_C=U^2\omega C$,并联电容后负载电流 $\dot I_1$ 与电压 $\dot U$ 均未变,因此负载 Z 吸收的无功功率 $Q_1=Q_2+\Delta Q$ 不变。由于无功功率守恒,得

$$Q_C=\Delta Q$$

即　　　　　　　　　　　　$$U^2\omega C=P(\tan\varphi_1-\tan\varphi_2)$$

电容 C 为

$$C=\frac{P(\tan\varphi_1-\tan\varphi_2)}{U^2\omega} \tag{3-25}$$

式(3-25)为提高单相正弦交流电路功率因数所需并联电容 C 的表达式,今后有关计算可灵活使用。如给出 C 的大小,需要计算增大后的功率因数 $\cos\varphi_2$,就可通过式(3-25)先计算出 φ_2,然后再计算功率因数。

从能量的角度看,利用电容中的无功功率去补偿负载中的无功功率,以减小总的无功功率。也就是使负载中的部分磁场能量与电容中的电场能量进行交换,从而减少了电源与负载之间交换的能量。

应指出的是,功率因数并不是增大到理论上的最大值 $\cos \varphi = 1$ 最好,这是因为会使电容设备的投资大大增加,反而使经济效益受到影响。在电力系统中,交流发电机的额定功率因数一般不超过 0.9,负载的功率因数一般调整为 $0.85 \sim 0.90$。

例3-13

有一台 220 V、50 Hz、100 kW 的电动机,功率因数为 0.6。

(1)在使用时,电源提供的电流是多少?无功功率是多少?

(2)欲使功率因数达到 1,则需要并联的电容器电容值是多少?此时电源提供的电流是多少?无功功率是多少?

解 (1)由于 $P = UI\cos \varphi$,所以电源提供的电流为

$$I_L = \frac{P}{U\cos \varphi} = \frac{100 \times 10^3 \text{ W}}{220 \text{ V} \times 0.6} = 757.58 \text{ A}$$

无功功率为

$$Q_L = UI_L\sin \varphi = 220 \text{ V} \times 757.58 \text{ A} \times \sqrt{1 - 0.6^2} = 133.33 \text{ kvar}$$

(2)并联 C 后,$\cos \varphi = 1$,即 $\sin \varphi = 0$,所以无功功率为

$$Q = UI\sin \varphi = 0$$

则电容提供的无功功率为

$$Q_C = Q_L = 133.33 \text{ kvar}$$

由于

$$Q_C = U^2\omega C$$

$$\omega = 2\pi f = 314 \text{ rad/s}$$

因此需并联的电容器的电容值为

$$C = \frac{Q_C}{U^2\omega} = \frac{133.33 \times 10^3 \text{ V} \cdot \text{A}}{(220 \text{ V})^2 \times (314 \text{ rad} \cdot \text{s}^{-1})} = 8\ 774 \ \mu\text{F}$$

此时电源提供的电流为

$$I = \frac{P}{U\cos \varphi} = \frac{100 \times 10^3 \text{ W}}{220 \text{ A} \times 1} = 454.55 \text{ A}$$

练一练

1.如果功率因数为 0.75(滞后),电流滞后电压的角度是多少?

2.如果有功功率为 600 W,无功功率为 -300 var,视在功率为多少?

3.7 谐 振

案例导入

在无线电技术中常应用串联谐振电路的选频特性来选择信号。收音机通过接收天线,接收到各种频率的电磁波,每一种频率的电磁波都要在天线回路中产生相应的微弱的感应电流。为了达到选择信号的目的,通常在收音机里采用如图 3-28 所示的谐振电路。把调谐回路中的电容 C 调节到某一值,电路就具有一个固有的频率 f_0。如果这时某电台的电磁波的频率正好等于调谐电路的固有频率,就能收听该电台的广播节目,其他频率的信号被抑制掉,这样就实现了选择电台的目的。

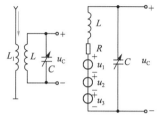

图 3-28 收音机谐振电路

在具有电感和电容元件的电路中,电路两端的电压与其中的电流一般是不同相的。如果调节电路的参数或电源的频率而使它们同相,这时电路中就发生谐振现象。上述案例即谐振的应用。研究谐振的目的就是要认识这种客观现象,并在生产上充分利用谐振的特征,同时又要预防它所产生的危害。因此研究谐振电路具有实际的意义。

收音机调台

3.7.1 串联电路的谐振

1. 串联谐振的条件和谐振频率

如图 3-29(a)所示电路为 RLC 串联电路,在正弦激励下,当电源频率 f 取某一值 f_0 时,电压 $\dot{U}$ 和电流 $\dot{I}$ 同相位,这种现象称为电路的串联谐振。此时电源的频率 f_0 称为谐振频率。

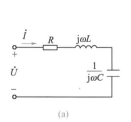

(a)

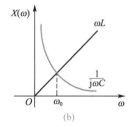

(b)

哲思课堂 8

串联电路的谐振

图 3-29 串联谐振电路

$$Z(j\omega) = \frac{\dot{U}}{\dot{I}} = R + j\omega L + \frac{1}{j\omega C} = R + j(\omega L - \frac{1}{\omega C})$$

$$= R + j(X_L - X_C) = R + jX = |Z|e^{j\varphi_Z}$$

当 $X = (X_L - X_C) = \omega_0 L - \frac{1}{\omega_0 C} = 0$，$Z(j\omega_0) = R$ 时，电路呈电阻性，电压 $\dot{U}$ 和电流 $\dot{I}$ 同相，电路发生串联谐振。即当电流角频率为

$$\omega_0 = \frac{1}{\sqrt{LC}} \tag{3-26}$$

时，电路发生串联谐振。ω_0 称为电路谐振角频率。

$$f_0 = \frac{1}{2\pi\sqrt{LC}} \tag{3-27}$$

f_0 称为电路固有谐振频率。

如图 3-29(b)所示为电抗随频率变化的特性。可见，串联电路的谐振频率由 L 和 C 两个参数决定，与 R 无关。为了实现谐振或消除谐振，在激励频率确定时，可改变 L 或 C；在固定 L 和 C 时，可改变激励频率。如调谐式收音机就是通过改变电容 C 以达到选台的目的，所选电台的频率就是谐振频率。

2. 串联谐振的特征

谐振时电路阻抗 $Z = R = R\underline{/0°}$，即阻抗角为 0°，阻抗的模 $|Z| = R$ 最小。定义

$$\rho = \omega_0 L = \frac{1}{\omega_0 C}$$

ρ 称为串联谐振电路的特性阻抗，也就是谐振时感抗和容抗的大小。

在电子技术中，通常将特性阻抗 ρ 和回路电阻 R 的比值称为谐振电路的品质因数，用 Q 表示，作为评价谐振电路的一项指标。

定义 $$Q = \frac{\rho}{R} = \frac{\omega_0 L}{R} = \frac{1}{\omega_0 RC} = \frac{1}{R}\sqrt{\frac{L}{C}} \tag{3-28}$$

品质因数 Q 是由电路参数 R、L 和 C 决定的一个无量纲的量。

谐振时电路的电流 $\dot{I}_0 = \frac{\dot{U}}{Z(j\omega_0)} = \frac{\dot{U}}{R}$ 称为谐振电流。$\dot{I}_0$ 与 $\dot{U}$ 同相，且在外加电压一定时，电流最大。这也是串联谐振电路的重要特征之一，可由此判断电路是否发生串联谐振。谐振时的最大电流为

$$\dot{I}_0 = \frac{\dot{U}}{R} \tag{3-29}$$

谐振时各元件上电压分量为

$$\dot{U}_R = R\dot{I}_0 = R \times \frac{\dot{U}}{R} = \dot{U}$$

$$\dot{U}_L = Z_L\dot{I}_0 = j\omega_0 L \times \frac{\dot{U}}{R} = jQ\dot{U}$$

$$\dot{U}_C = Z_C\dot{I}_0 = -j\frac{1}{\omega_0 C} \times \frac{\dot{U}}{R} = -jQ\dot{U}$$

可见 R 上电压大小与电源电压相等,即电源电压全加在电阻 R 上;L、C 上电压大小为电源电压 U 的 Q 倍,但 $\dot{U}_L$ 与 $\dot{U}_C$ 大小相等,相位相反,相互抵消,故串联谐振也称为电压谐振。如果 $Q>1$,则 $U_L=U_C>U$,尤其当 $Q\gg1$ 时,L、C 两端出现远远大于外施电压的电压 U,这种现象称为谐振过电压现象。

谐振时功率因数及有功功率为

$$\lambda=\cos\varphi=1, \quad P=UI_0\cos\varphi=UI_0=\frac{U^2}{R}$$

无功功率 Q 则为零。电路不从外面吸收无功功率,仅在 L、C 之间进行磁场能量和电场能量的互换。

例3-14

已知 RLC 串联电路中端口电压的有效值 $U=100$ V,当电路元件的参数为 $R=20\ \Omega$,$L=40$ mH,$C=100\ \mu$F 时,电流的有效值为 $I=5$ A。求正弦 u 的角频率 ω、U_L、U_C 和品质因数 Q。

解 令 $\dot{U}=100\underline{/0^\circ}$ V,则

$$I_0=\frac{U}{R}=\frac{100\ \text{V}}{20\ \Omega}=5\ \text{A}$$

表明电路处于串联谐振状态,所以正弦电压的角频率等于电路的固有角频率,即

$$\omega=\frac{1}{\sqrt{LC}}=\frac{1}{\sqrt{40\times10^{-3}\ \text{H}\times100\times10^{-6}\ \text{F}}}=500\ \text{rad/s}$$

$$Q=\frac{\omega L}{R}=\frac{500\times40\times10^{-3}}{20}=1$$

电压 U_L、U_C 为

$$U_L=U_C=QU=1\times100\ \text{V}=100\ \text{V}$$

3.7.2 并联电路的谐振

1. RLC 并联电路发生谐振的条件和谐振频率

如图 3-30 所示 RLC 并联电路是一种典型的谐振电路。与串联谐振的定义相同,即当端口电压 $\dot{U}$ 与端口电流 $\dot{I}_s$ 同相时的电路工作状况称为并联谐振。

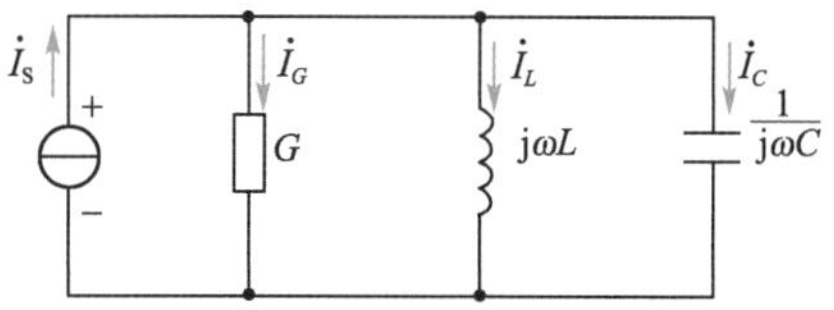

$$Y(\text{j}\omega)=\frac{\dot{I}_s}{\dot{U}}=G+\text{j}\left(\omega C-\frac{1}{\omega L}\right)$$

图 3-30 并联谐振电路

根据定义,当 $Y(\text{j}\omega)$ 的虚部为 0 时,即 $\omega C-\frac{1}{\omega L}=0$ 时,得

$$\omega_0=\frac{1}{\sqrt{LC}} \tag{3-30}$$

ω_0 称为电路谐振角频率。

$$f_0 = \frac{1}{2\pi\sqrt{LC}} \tag{3-31}$$

f_0 称为电路谐振频率。

2. 并联谐振的特征

理想情况下,输入阻抗最大。$Z(j\omega_0) = R$,电路呈纯电阻性。

并联谐振时,在电流有效值 I_S 不变的情况下,电压 U 为最大,且

$$U(j\omega_0) = |Z(j\omega_0)|I_S = RI_S$$

电路的品质因数为

$$Q = \frac{1}{G}\sqrt{\frac{C}{L}} \tag{3-32}$$

电流 $\dot{I}_G$ 等于电源电流 $\dot{I}_S$,电流 $\dot{I}_L$ 与 $\dot{I}_C$ 大小相等,方向相反,故并联谐振也称为电流谐振。当 $Q > 1$,则 $\dot{I}_L = \dot{I}_C > \dot{I}_S$;当 $Q \gg 1$,则 L、C 两端出现远远大于外施电流 $\dot{I}_S$ 的大电流,这种现象称为谐振过电流现象。

练一练

1. 谐振时,串联 RLC 电路的输入阻抗为最大值还是最小值?

2. 某晶体管收音机输入回路的电感 $L = 310\ \mu H$。今欲收听载波频率为 $540\ kHz$ 的电台,这时调谐电容为多少?

项目实施

【实施器材】

(1)电源、导线、自耦变压器、日光灯管、电容器、镇流器、白炽灯、电感线圈。

(2)交流电流表、交流电压表、功率表。

(3)计算机、Multisim 软件。

日光灯电路的连接与测试

【实施步骤】

(1)学习项目要求的相关知识。

(2)搭建测试电路,能够运用三表法测量在正弦交流信号激励下的元件值或阻抗值,并能够判断电路的阻抗性质。

(3)掌握日光灯电路连接方法,研究改善电路功率因数的途径。

(4)运用仿真软件演示 RLC 串联电路的幅频特性及谐振的条件和特点。

【实训报告】

实训报告内容包括实施目标、实施器材、实施步骤、测量数据、比较数据及总结体会。

1. 正弦量的基本概念

（1）正弦量的三要素：$i=I_m\sin(\omega t+\varphi_i)$，正弦量可由最大值 I_m、角频率 ω 和初相位 φ_i 来描述它的大小、变化快慢及 $t=0$ 初始时刻的大小和变化进程。

（2）正弦交流电的最大值与有效值之间有 $I=I_m/\sqrt{2}$ 的关系。

（3）两个同频率正弦量的初相位角之差，称为相位差。两同频率的正弦量有同相、反相、超前和滞后的关系。

2. 正弦量的表示法

正弦量可用解析式、波形图和相量图（相量复数式）三种方法来表示。只有同频率的正弦量才能在同一相量图上加以分析。

3. 正弦交流电路中单个参数元件的规律

R、L、C 元件上电压与电流之间的相量关系、有效值关系和相位关系见表 3-1。

表 3-1　　　　　　　　　　　　　　　　R、L、C 元件上电压与电流间的关系

元件名称	相量关系	有效值关系	相位关系	相量图
电阻 R	$\dot{U}_R=R\dot{I}$	$U_R=RI$	$\varphi_u=\varphi_i$	
电感 L	$\dot{U}_L=jX_L\dot{I}$	$U_L=X_LI$	$\varphi_u=\varphi_i+\pi/2$	
电容 C	$\dot{U}_C=-jX_C\dot{I}$	$U_C=X_CI$	$\varphi_u=\varphi_i-\pi/2$	

4. RLC 串联交流电路

电压电流相量关系：$\dot{U}=\dot{I}[R+j(X_L-X_C)]$

复阻抗：$Z=\dfrac{\dot{U}}{\dot{I}}=R+j(X_L-X_C)=|Z|\underline{/\varphi}$

阻抗模：$|Z|=\sqrt{R^2+(X_L-X_C)^2}$

阻抗角：$\varphi_Z=\arctan(\dfrac{X_L-X_C}{R})=\arctan(\dfrac{X}{R})$

5. 正弦交流电路的功率

有功功率：$P=UI\cos\varphi=S\cos\varphi$

无功功率：$Q=UI\sin\varphi=S\sin\varphi$

视在功率：$S=UI=\sqrt{P^2+Q^2}$

6. 功率因数的增大

增大电路的功率因数对提高设备利用率和节约电能有着重要意义。一般采用在感性负

载两端并联电容器的方法来增大电路的功率因数。

7. RLC 串联谐振电路

谐振条件：$X_L = X_C$ 或 $\omega L = 1/\omega C$

谐振频率：$f_0 = \dfrac{1}{2\pi\sqrt{LC}}$

巩固练习

3-1 在某电路中 $u(t) = 141\sin(314t - 20°)$ V。

(1)指出它的频率、周期、角频率、幅值、有效值及初相角各是多少？

(2)绘出波形图。

3-2 有一 RLC 串联的交流电路，已知 $R = X_L = X_C = 3$ Ω，$I = 2$ A，求电路两端的电压。

3-3 端口电压与电流采用关联参考方向，其电压与电流瞬时值表达式为 $u(t) = 141\sin(314t + 30°)$ V，$i(t) = 2\sin(314t - 30°)$ A。求该端口吸收的有功功率、无功功率、视在功率和功率因数。

3-4 已知 $i_1 = 10\cos(314t + 60°)$ A，$i_2 = 5\sin(314t + 60°)$ A，$i_3 = -4\cos(314t + 60°)$ A。

(1)分别写出上述电流的相量形式，并绘出它们的相量图。

(2)求 i_1 与 i_2、i_1 与 i_3 的相位差。

(3)绘出 i_1 的波形图。

(4)若将 i_3 表达式中的负号去掉，意味着什么？

(5)求 i_1 的周期 T 和频率 f。

3-5 如图 3-31(a)所示电路中，已知 u_C 的初相角为 $\dfrac{\pi}{6}$，试确定 u_L、u_R 和 i 的初相角并绘出相量图；如图 3-31(b)所示电路中，已知 i_L 的初相角为 $-\dfrac{\pi}{6}$，试确定 i_C、i_R 和 u 的初相角并绘出相量图。

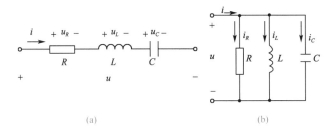

(a)　　　　　　　　　(b)

图 3-31　巩固练习 3-5 图

3-6 若已知两个频率为 $f = 100$ Hz 正弦电压的相量分别为 $\dot{U}_1 = 100\underline{/30°}$ V，$\dot{U}_2 = -120\underline{/150°}$ V。

(1)写出 u_1、u_2 的瞬时值表达式。

(2)求 u_1 与 u_2 的相位差。

3-7 用相量法把下列电流或电压表示为正弦函数形式。

(1)$i(t)=4\cos t+3\sin t$

(2)$i(t)=3\cos t-4\sin(t+\dfrac{\pi}{3})$

(3)$u(t)=20\cos(3t+\dfrac{\pi}{6})+30\sin(3t+\dfrac{\pi}{2})$

3-8 已知图 3-32(a)中电压表 V_1 的读数为 20 V,V_2 的读数为 50 V;图 3-32(b)中电压表 V_1 的读数为 25 V,V_2 的读数为 30 V,V_3 的读数为 70 V(电压表的读数为正弦电压的有效值)。求图中电压 U_s。

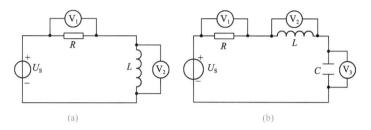

图 3-32 巩固练习 3-8 图

3-9 已知图 3-33 所示正弦电流电路中电流表 A_1 的读数为 10 A,A_2 的读数为 20 A,A_3 的读数为 30 A。

(1)求电流表 A 的读数。

(2)如果维持 A_1 的读数不变,而把电源的频率提高到原来两倍,再求电流表 A 的读数。

3-10 如图 3-34 所示电路中,电流表 A_1 和 A_2 的读数分别为 $I_1=3$ A,$I_2=4$ A。

(1)设 $Z_1=R$,$Z_2=-jX_C$,则电流表 A_0 的读数应为多少?

(2)设 $Z_1=R$,则 Z_2 为何种参数才能使电流表 A_0 的读数最大?此读数应为多少?

(3)设 $Z_1=-jX_L$,则 Z_2 为何种参数才能使电流表 A_0 的读数最小?此读数应为多少?

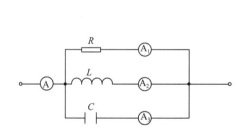

图 3-33 巩固练习 3-9 图

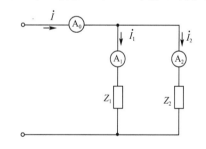

图 3-34 巩固练习 3-10 图

3-11 对 RL 串联电路进行如下两次测量:端口加上 135 V 直流电压($\omega=0$)时,输入电流为 4.5 V;端口加 $f=50$ Hz 的正弦电压 135 V 时,输入电流为 2.7 A。分别求 R 和 L 的值。

3-12 一个线圈若接在 $U=120$ V 的直流电源上,则 $I=20$ A;若接在 $f=50$ Hz,$U=220$ V 的交流电源上,则 $I=28.2$ A。求线圈的电阻 R 和电感 L。

3-13 有一个 JZ7 型中间继电器,其线圈数据为 380 V、50 Hz,线圈电阻 2 kΩ,线圈电感 43.3 H。求线圈电流及功率因数。

3-14 电路由电压源 $u=100\cos(1\,000t)$ V 及电阻 R 和 $L=0.025$ H 的电感串联组成,

电感端电压的有效值为 25 V。求 R 值和电流 i 的表达式。

3-15　如图 3-35 所示电路,求各电路的输入阻抗 Z 和导纳 Y。

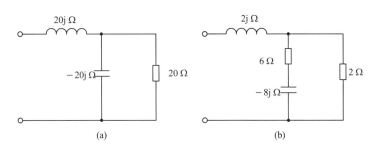

图 3-35　巩固练习 3-15 图

3-16　如图 3-36 所示电路中,已知 $u=50\sin(10t+\frac{\pi}{4})$ V,$i=400\cos(10t+\frac{\pi}{6})$ A。求电路中合适的元件值(等效)。

3-17　有一 RC 串联电路,电源电压为 u,电阻和电容上的电压分别为 u_R 和 u_C,已知电路阻抗为 2 000 Ω,频率为 1 000 Hz,并设 u 和 u_C 之间的相位差为 30°,求 R 和 C,并说明在相位上 u_C 比 u 超前还是滞后。

3-18　如图 3-37 所示的电路,已知 $u_S=220\sqrt{2}\cos(314t+\frac{\pi}{3})$ V,电流表 A 的读数为 2 A,电压表 V_1、V_2 的读数均为 200 V。求参数 R、L、C,并绘制该电路的相量图(提示:可先绘制相量图以辅助计算)。

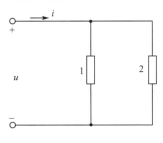
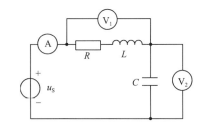

图 3-36　巩固练习 3-16 图　　　　　图 3-37　巩固练习 3-18 图

3-19　如图 3-38 所示电路中,$\dot{U}=86\underline{/0°}$ V。求 $\dot{I}$、$\dot{I}_C$ 和 $\dot{I}_R$。

3-20　如图 3-39 所示电路中,已知 $R_1=R_2$,$I_S=10$ A,$U_L=5\sqrt{3}$ V,且有 $\dot{U}_{ab}=\dot{U}_{cd}$,$\dot{U}_{ab}$ 与 $\dot{U}_{cd}$ 的相位差为 60°,试确定 R_1、R_2、X_L 和 X_C 的数值。

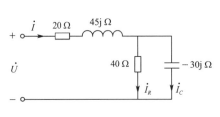
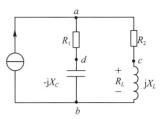

图 3-38　巩固练习 3-19 图　　　　　图 3-39　巩固练习 3-20 图

电路基础与实践

3-21 如图 3-40 所示电路中,已知 $R_1 = R_2 = 100\ \Omega$,$C = 10\ \mu F$,$L = 1\ H$,电容电流为 $i_C = 10\sin(100\pi t + 60°)\ mA$,求总电压 U_S 及总电流 I。

3-22 如图 3-41 所示电路中,求 $\dot{I}_1$、$\dot{I}_2$ 和电路总的有功功率 P。

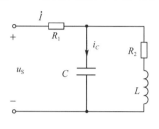

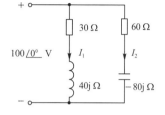

图 3-40 巩固练习 3-21 图　　　　　　图 3-41 巩固练习 3-22 图

3-23 如图 3-42 所示电路中,试分别用网孔电流法或节点电压法求各支路电流。

3-24 如图 3-43 所示电路中,求此二端网络的戴维南等效电路。

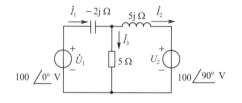

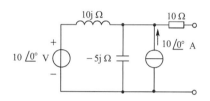

图 3-42 巩固练习 3-23 图　　　　　　图 3-43 巩固练习 3-24 图

3-25 如图 3-44 所示电路中,L、C 应满足什么条件,使得 R 改变时电流 I 保持不变。

3-26 图 3-45 所示的电路中,$R = 2\ \Omega$,$\omega L = 3\ \Omega$,$\omega C = 2\ S$,$\dot{U}_C = 10\underline{/45°}\ V$。求各元件的电压、电流。

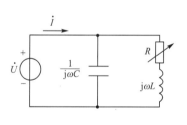

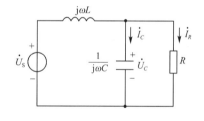

图 3-44 巩固练习 3-25 图　　　　　　图 3-45 巩固练习 3-26 图

3-27 功率为 60 W,功率因数为 0.5 的日光灯(感性)负载与功率为 100 W 的白炽灯各 50 只并联在 220 V 的正弦电源上($f = 50$ Hz)。如果要把电路的功率因数增大到 0.92,应并联多大电容?

3-28 一台电动机的功率为 1.2 kW,接到 220 V 的工频电源上,其工作电流为 10 A,求:

(1)电动机的功率因数。

(2)若在电动机两端并上一只 80 μF 的电容器,此时电路的功率因数为多少?

3-29 当 $\omega = 5\ 000$ rad/s 时,RLC 串联电路发生谐振,已知 $R = 1\ \Omega$,$L = 400$ mH,端电压 $U = 1$ V。求电容 C 的值及电路中的电流和各元件电压的瞬时值解析式。

3-30 RLC 串联谐振电路的特性阻抗 $\rho = 100\ \Omega$,$Q = 100$ C,$\omega_0 = 1\ 000$ rad/s,求电路的参数 R、L、C 的值。

项目 4
三相正弦交流电路的分析

项目要求

理解三相电源与负载的连接方式;掌握对称三相电路的计算;理解不对称三相电路的特点与分析。

【知识要求】

(1)了解三相交流电的产生原理,理解对称三相电源的特点。

(2)理解三相电源、三相负载的星形和三角形连接方法及相电压、相电流、线电压、线电流的关系,了解中性线的作用。

(3)熟悉三相对称电路的计算特点。

(4)理解三相不对称电路的分析。

(5)掌握对称三相电路功率的计算方法。

【技能和素质要求】

(1)学会三相电源、白炽灯组接安装的步骤及相关安全事项。

(2)能够准确测量三相负载电路星(Y)形和三角(△)形接法的线电压、相电压、线电流、相电流及功率。

(3)掌握三相电路功率的测量方法。

(4)以史为鉴,奋发图强,培养勇于克服困难的精神,增强爱国主义情感。

项目目标

(1)掌握三相负载的星形和三角形连接方法及相电压、相电流、线电压、线电流、功率的计算和测量。

(2)学会三相电源和白炽灯的组接安装。

相关知识

4.1 三相正弦交流电路的概念

案例导入

在路边常常竖立着一些电线杆,如图 4-1 所示,其上可能有四根电线或三根电线。如果走近电线杆进行检查,会发现每个电线杆上,四根或三根导线中较细的一根与一个导体连接。而这个导体从电线杆上垂下来,埋入地下。其余三根没有接地的电线由三相交流发电机供电,电能由三相电形式的三根导线传送。

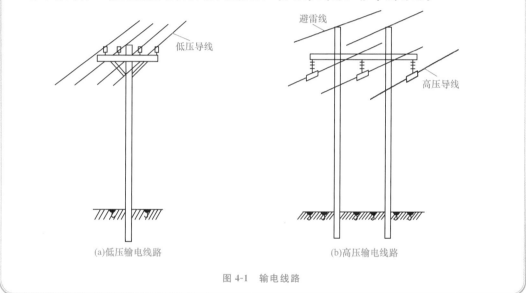

(a)低压输电线路   (b)高压输电线路

图 4-1 输电线路

4.1.1 三相电源与负载

三相交流电通常由三相交流发电机产生,三相交流发电机的结构原理如图 4-2(a)所示。图中 1 是定子,由铁磁材料构成。在定子铁芯上均匀嵌入三个绕组 U_1U_2、V_1V_2、W_1W_2,其中 U_1、V_1、W_1 是绕组的始端,U_2、V_2、W_2 为绕组的末端。三个绕组平面在空间的位置彼此相隔 $120°$ 角,绕组几何结构、绕向、匝数完全相同。2 为转子,是一对磁极。定子与转子的空气隙中的磁感应强度按正弦规律分布。

当转子以角速度 ω 匀速转动时,在定子三个绕组中将产生三个振幅、频率完全相同,相位上依次相差 $120°$ 的正弦感应电动势,称为对称三相电源。设它们的方向都是由末端指向始端。这三个电源依次称为 U 相、V 相和 W 相,每一相对应的电压称为相电压,如图 4-2(b)所示。三相电源可以连接成星(Y)形或三角(△)形的形式,如图 4-3 所示。

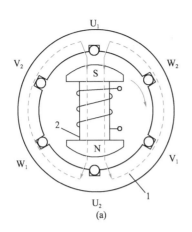
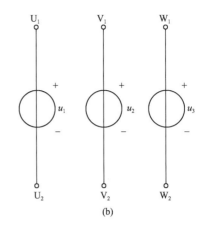

图 4-2　三相交流发电机

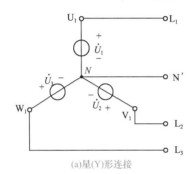

(a)星(Y)形连接

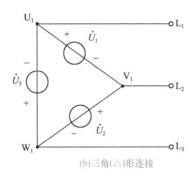

(b)三角(△)形连接

图 4-3　三相电源

若以相电压作为参考正弦量,则它们的瞬时表达式为

$$\begin{cases} u_1 = \sqrt{2}\sin(\omega t) \\ u_2 = \sqrt{2}\sin(\omega t - 120°) \\ u_3 = \sqrt{2}\sin(\omega t + 120°) \end{cases} \tag{4-1}$$

相当于三个独立的电压源。它们对应的相量式为

$$\begin{cases} \dot{U}_1 = U\underline{/0°} \\ \dot{U}_2 = U\underline{/-120°} \\ \dot{U}_3 = U\underline{/120°} \end{cases} \tag{4-2}$$

根据式(4-1)和(4-2)绘制对称三相电源的波形图和相量图,如图 4-4 所示。根据对称性,对称三相电压源满足

$$u_1 + u_2 + u_3 = 0 \text{ 或 } \dot{U}_1 + \dot{U}_2 = \dot{U}_3 = 0$$

相电压依次出现最大值的顺序称为相序。在图 4-4(a)中,这种顺序即 $u_1 \rightarrow u_2 \rightarrow u_3$,因此,则它们的相序是 UVW,称为正序或顺序。如果顺序为 $u_3 \rightarrow u_2 \rightarrow u_1$,则它们的相序是 WVU,这种相序称为负序或逆序。

理想情况下,发电机每个绕组的电路模型是一个电压源。一般三相交流发电机或三相变压器的引出线、实验室配电装置的三相母线,以黄、绿、红三种颜色分别表示 U、V、W 三相。

在三相电路中,负载一般是三相负载,如图 4-5 所示,分别以 Z_1、Z_2、Z_3 表示。当三个负

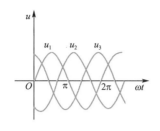
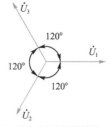

(a) 对称三相电源波形图　　　　　　(b) 对称三相电源相量图

图 4-4　对称三相电源的波形图和相量图

载阻抗相等时,即 $Z_1 = Z_2 = Z_3$,称为对称三相负载;反之,称为不对称三相负载。

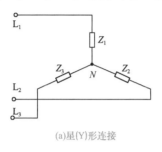
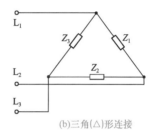

(a)星(Y)形连接　　　　　　　　(b)三角(△)形连接

图 4-5　三相负载

4.1.2　三相电路的连接方式

哲思课堂 9

三相电路中最基本的两部分是电源和负载。它们的连接方式有两种,即星形连接和三角形连接。如图 4-3 所示是电源的两种连接方式,如图 4-5 所示是负载的两种连接方式。其中,如图 4-3(a)、图 4-5(a)所示为星形连接,如图 4-3(b)、图 4-5(b)所示为三角形连接。

三相电源的每一相均有两个端钮,通常以 U_1、V_1、W_1 表示始端,U_2、V_2、W_2 表示末端。电源的星形连接就是将三相电源的末端 U_2、V_2、W_2 连接在一起,形成公共端点 N,从三个始端 U_1、V_1、W_1 引出三根导线至负载。从每一相的始端引出的导线称为端线,也称为火线。从三相电源公共端点(中性点 N)引出的导线称为中性线,简称中线。当中线接地时,中线也称为地线或零线。

电源的三角形连接是将三相电源的始末端分别连在一起,即 U_1、V_1、W_1 分别与 W_2、U_2、V_2 连接在一起,再从各始端 U_1、V_1、W_1 引出三根导线至负载。虽然三相电源连接成一个回路,但由于电源是对称三相电源,满足 $\dot{U}_1 + \dot{U}_2 + \dot{U}_3 = 0$,所以回路中的电流为零。实际电源的内阻非常小,因此各相首端末端不能接错,否则电源回路中将会产生很大的环路电流,危及电源安全。

▼ 练一练

对称三相电压 W 相的瞬时值 $u_3 = 311\sin(314t - 30°)$ V,试写出其他两相的瞬时值表达式,并绘出相量图。

4.2 对称三相正弦交流电路的分析与计算

三相电路实际上是单相正弦交流电路的一种特殊形式,前面对正弦稳态电路讨论的方法完全适用于三相电路。同时,利用三相电路结构上的一些特点,特别是在对称情况下的特点可以简化分析计算。

4.2.1 对称三相电路相量与线量的关系

1. 相量与线量

无论电源或负载,将每一相的电压称为相电压;端线之间的电压称为线电压;各相电源或负载中的电流称为相电流;三相端子向外引出端线中的电流称为线电流。

如图 4-6(a)所示电路,对称星形负载,$\dot{U}_1$、$\dot{U}_2$、$\dot{U}_3$ 为负载两端的电压,即相电压,其有效值用 U_P 表示;$\dot{I}_{1N}$、$\dot{I}_{2N}$、$\dot{I}_{3N}$ 为各相负载流过的电流,即相电流,其有效值用 I_P 表示;$\dot{U}_{12}$、$\dot{U}_{23}$、$\dot{U}_{31}$ 为端线间的电压,即线电压,其有效值用 U_L 表示;$\dot{I}_1$、$\dot{I}_2$、$\dot{I}_3$ 为三相端子引出端线中的电流,即线电流,其有效值用 I_L 表示。

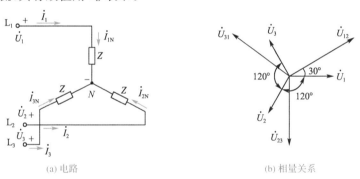

(a) 电路　　　　　　　　　　　(b) 相量关系

图 4-6　星形连接相量与线量的关系

2. 星形连接相量与线量的关系

三相电源和三相负载的线电压与相电压、线电流与相电流的关系都与连接方式有关。如图 4-6(a)所示,以对称星形负载为例,根据 KVL 的相量形式可知,线电压与相电压的相量关系为

$$\dot{U}_{12}=\dot{U}_1-\dot{U}_2=\sqrt{3}\dot{U}_1\underline{/30°}$$
$$\dot{U}_{23}=\dot{U}_2-\dot{U}_3=\sqrt{3}\dot{U}_2\underline{/30°} \tag{4-3}$$
$$\dot{U}_{31}=\dot{U}_3-\dot{U}_1=\sqrt{3}\dot{U}_3\underline{/30°}$$
$$\dot{U}_{12}+\dot{U}_{23}+\dot{U}_{31}=0$$

线电流与相电流的关系为

$$\dot{I}_1=\dot{I}_{1N},\dot{I}_2=\dot{I}_{2N},\dot{I}_3=\dot{I}_{3N} \tag{4-4}$$

如图 4-6(b)所示为对称星形负载线电压与相电压的相量关系。

式(4-3)说明:对于对称星形负载或对称星形电源,相电压对称时,线电压也一定依序对称;线电压的大小是相电压大小的 $\sqrt{3}$ 倍,即 $U_{\mathrm{L}}=\sqrt{3}U_{\mathrm{P}}$,相位依次超前对应相电压相位 $30°$。

式(4-4)说明:对于对称星形负载或对称星形电源,线电流等于对应的相电流,大小相等,即 $I_{\mathrm{L}}=I_{\mathrm{P}}$,相位相同。

3. 三角形连接相量与线量的关系

以对称三角形负载为例,如图 4-7(a)所示,$Z_1=Z_2=Z_3$,线电压为 $\dot{U}_{12}$、$\dot{U}_{23}$、$\dot{U}_{31}$。从图中可以看出,加在各相负载的相电压等于线电压。

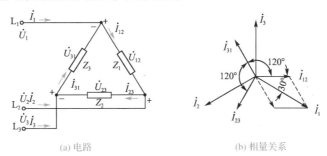

(a) 电路 (b) 相量关系

图 4-7 三角形连接相量与线量的关系

根据 KCL 的相量形式可知,相电流 $\dot{I}_{12}$、$\dot{I}_{23}$、$\dot{I}_{31}$ 与线电流 $\dot{I}_1$、$\dot{I}_2$、$\dot{I}_3$ 的相量关系为

$$\dot{I}_1=\dot{I}_{12}-\dot{I}_{31}=\sqrt{3}\,\dot{I}_{12}\underline{/-30°}$$
$$\dot{I}_2=\dot{I}_{23}-\dot{I}_{12}=\sqrt{3}\,\dot{I}_{23}\underline{/-30°} \tag{4-5}$$
$$\dot{I}_3=\dot{I}_{31}-\dot{I}_{23}=\sqrt{3}\,\dot{I}_{31}\underline{/-30°}$$
$$\dot{I}_1+\dot{I}_2+\dot{I}_3=0$$

如图 4-7(b)所示为对称三角形负载线电流与相电流的相量关系,图中设 $\dot{I}_{12}=I_{12}\underline{/0°}$。

对于对称三角形负载或对称三角形电源,线电压等于对应的相电压,即 $U_{\mathrm{L}}=U_{\mathrm{P}}$,相位对应相同。

对于对称三角形负载或对称三角形电源,相电流对称时,线电流也一定依序对称,线电流的大小是相电流的大小的 $\sqrt{3}$ 倍,即 $I_{\mathrm{L}}=\sqrt{3}I_{\mathrm{P}}$,相位依次滞后对应相电流相位 $30°$。

4.2.2 对称三相四线制电路分析

如图 4-8(a)所示三相四线制电路,设每相负载阻抗为 Z,端线阻抗为 Z_{L},中线阻抗为 Z_{N}。以 N 点为参考节点,利用节点电压法列方程,得

$$\left(\frac{1}{Z_{\mathrm{N}}}+\frac{3}{Z+Z_{\mathrm{L}}}\right)\dot{U}_{\mathrm{N'N}}=\frac{1}{Z+Z_{\mathrm{L}}}(\dot{U}_{\mathrm{U}}+\dot{U}_{\mathrm{V}}+\dot{U}_{\mathrm{W}})$$

由于 $\dot{U}_{\mathrm{U}}+\dot{U}_{\mathrm{V}}+\dot{U}_{\mathrm{W}}=0$,所以 $\dot{U}_{\mathrm{N'N}}=0$,即中点 N' 与 N 之间电压为零,两点等电位。

负载和电源中的线电流(也是相电流)为

$$\dot{I}_{\mathrm{U}}=\frac{\dot{U}_{\mathrm{U}}-\dot{U}_{\mathrm{N'N}}}{Z+Z_{\mathrm{L}}}=\frac{\dot{U}_{\mathrm{U}}}{Z+Z_{\mathrm{L}}}$$

$$\dot{I}_{\mathrm{V}}=\frac{\dot{U}_{\mathrm{V}}-\dot{U}_{\mathrm{N'N}}}{Z+Z_{\mathrm{L}}}=\frac{\dot{U}_{\mathrm{V}}}{Z+Z_{\mathrm{L}}}$$

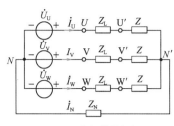 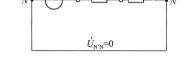

(a) 三相四线制电路 　　　　　　　　(b) 对称三相四线制电路化为一相电路

图 4-8　对称三相四线制电路分析

$$\dot{I}_W = \frac{\dot{U}_W - \dot{U}_{N'N}}{Z + Z_L} = \frac{\dot{U}_W}{Z + Z_L}$$

中线电流为

$$\dot{I}_N = \frac{\dot{U}_{N'N}}{Z_L} = 0$$

由于 $\dot{U}_{N'N}=0$，各相电流独立，中线电流为零，各电源负载对称，相电流构成对称组，故可只分析三相中的一相，即计算三相电路变为计算一相电路，其他各相按顺序写出。如图 4-8(b)所示为 U 相计算电路。应特别注意，由于 $\dot{U}_{N'N}=0$，在绘一相电路时，中线阻抗 Z_N 不能出现在该单相电路中，连接 N'、N 点的是短路线。

例 4-1 ●

一台三相交流电动机，定子绕组接成星形，额定电压为 380 V，额定电流为 2.2 A，功率因数为 0.8，求该电动机每相绕组的阻抗。

解　设每相绕组阻抗为

$$Z = R + jX = |Z| e^{j\varphi_z}$$

则绕组的相电压为

$$U_P = \frac{U_L}{\sqrt{3}} = \frac{380}{\sqrt{3}} \ V \approx 220 \ V$$

相电流为

$$I_P = I_L = 2.2 \ A$$

于是

$$|Z| = \frac{U_P}{I_P} = \frac{220 \ V}{2.2 \ A} = 100 \ \Omega$$

又因为

$$\cos\varphi = 0.8$$

所以

$$\varphi = 36.9°$$

则

$$Z = 100 \underline{/36.9°} \ \Omega = (80+60j) \ \Omega$$

例 4-2

星形连接的对称三相负载 $Z=(15+9j)\ \Omega$，接到线电压为 380 V 的三相四线制供电系统上，求各相电流和中线电流。

解 由已知条件得每相负载电压为

$$U_P=\frac{U_L}{\sqrt{3}}=\frac{380\ V}{\sqrt{3}}\approx220\ V$$

设电源 U 相电压为

$$\dot{U}_1=220\underline{/0^\circ}\ V$$

则相电流为

$$\dot{I}_1=\frac{\dot{U}_1}{Z}=\frac{220\underline{/0^\circ}\ V}{15+9j\ \Omega}=\frac{220\underline{/0^\circ}\ V}{17.5\underline{/31^\circ}\ \Omega}=12.57\underline{/-31^\circ}\ A$$

根据对称性有

$$\dot{I}_2=12.57\underline{/-151^\circ}\ A$$

$$\dot{I}_3=12.57\underline{/89^\circ}\ A$$

所以中线电流为

$$\dot{I}_N=\dot{I}_1+\dot{I}_2+\dot{I}_3=0$$

例 4-3

如果例 4-2 中的负载连接成三角形，接到三相三线制电源上，线电压仍为 380 V，求相电流和线电流。

解 每相负载电压为

$$U_P=U_L=380\ V$$

设电源 U 相的相电压 $\dot{U}_1=220\underline{/0^\circ}\ V$ 为参考相量，则各个线电压即负载的相电压。于是

$$\dot{U}_{12}=380\underline{/30^\circ}\ V,\dot{U}_{23}=380\underline{/-90^\circ}\ V,\dot{U}_{32}=380\underline{/150^\circ}\ V$$

则相电流为

$$\dot{I}_{12}=\frac{\dot{U}_{12}}{Z}=\frac{380\underline{/30^\circ}\ V}{15+9j\ \Omega}=\frac{380\underline{/30^\circ}\ V}{17.5\underline{/31^\circ}\ \Omega}=21.77\underline{/-1^\circ}\ A$$

$$\dot{I}_{23}=21.77\underline{/-121^\circ}\ A$$

$$\dot{I}_{31}=21.77\underline{/119^\circ}\ A$$

所以线电流为

$$\dot{I}_1=\sqrt{3}\dot{I}_{12}\underline{/-30^\circ}\ A=\sqrt{3}(21.22\underline{/-1^\circ}\ A)\underline{/-30^\circ}=37.71\underline{/-31^\circ}\ A$$

$$\dot{I}_2=37.71\underline{/-151^\circ}\ A$$

$$\dot{I}_3=37.71\underline{/89^\circ}\ A$$

▼ 练一练

1.对于三角形连接的负载,相电流与线电流相同吗?

2.三角形连接的电阻负载的线电压为 380 V,线电流为 32 A,求电阻值。

4.3 不对称三相正弦交流电路

三相电路中的电源、负载、线路阻抗有一部分不对称时,就称为不对称三相电路。一般情况下,三相电源是对称的,三相负载不对称的情况较为常见。如各相负载(照明、家用电器等)分配不均匀,电路中某一条端线断开,某一相负载发生短路或断路故障都会使电路失去对称性。不对称三相电路应根据电路的不同情况,运用前面所学的有关知识进行分析计算。

以如图 4-9(a)所示 Y-Y 电路为例,该电路电源对称,而负载不对称。

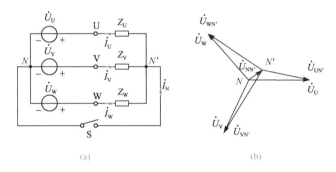

(a)   (b)

图 4-9 不对称三相电路

在无中线,即开关 S 打开时,利用节点电压法求得

$$\dot{U}_{N'N}=\frac{\dfrac{\dot{U}_U}{Z_U}+\dfrac{\dot{U}_V}{Z_V}+\dfrac{\dot{U}_W}{Z_W}}{\dfrac{1}{Z_U}+\dfrac{1}{Z_V}+\dfrac{1}{Z_W}} \tag{4-6}$$

可见,由于负载不对称,$\dot{U}_{N'N}\neq0$,即 N' 点和 N 点电位不重合,发生中点位移,如图 4-9(b)所示。中点位移的产生,会使负载的端电压不对称,从而影响负载的正常工作;同时,又因为各相的工作相互关联,负载的变动会造成各相彼此间的相互影响。

当开关 S 闭合时(有中线),就会克服上述无中线的缺点。当中线阻抗 Z_N 为零时,闭合开关 S,就能够强迫使 $\dot{U}_{N'N}=0$。这时,各相负载电压对称,从而使各相保持独立,互不影响。由此可见中线在负载不对称时存在的重要性。由于负载的不对称,各相电流也不对称,中线电流一般不为零。实际中,为了保证不对称负载的相电压对称,不允许中线断开,且中线内不得接熔断器或闸刀开关。

图 4-10 所示的电路是一种相序测定器电路，用来测相序 U、V、W。它是由电容值为 C 的电容器和电阻值为 R 的两个灯泡连接成的星形电路。如果电容器所接的是 U 相，则灯泡较亮的是 V 相，灯泡较暗的是 W 相。试证明之。

解 图 4-10 所示电路的中性点电压为

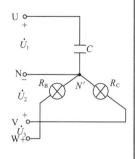

图 4-10 例 4-4 电路

$$\dot{U}_{N'N}=\frac{\dfrac{\dot{U}_U}{Z_U}+\dfrac{\dot{U}_V}{Z_V}+\dfrac{\dot{U}_W}{Z_W}}{\dfrac{1}{Z_U}+\dfrac{1}{Z_V}+\dfrac{1}{Z_W}}$$

设 $X_C=R_B=R_C=R$，$\dot{U}_1=U\underline{/0°}$ V，则

$$\dot{U}_{N'N}=\frac{\dfrac{U\underline{/0°}}{-jX_C}+\dfrac{U\underline{/-120°}}{R_B}+\dfrac{U\underline{/120°}}{R_C}}{\dfrac{1}{-jX_C}+\dfrac{1}{R_B}+\dfrac{1}{R_C}}=\frac{\dfrac{U\underline{/0°}}{-jR}+\dfrac{U\underline{/-120°}}{R}+\dfrac{U\underline{/120°}}{R}}{\dfrac{1}{-jR}+\dfrac{1}{R}+\dfrac{1}{R}}$$

$$=\frac{U(\underline{/90°}+\underline{/-120°}+\underline{/120°})}{\underline{/90°}+2\underline{/0°}}=\frac{\sqrt{2}U\underline{/135°}}{\sqrt{5}\underline{/26.6°}}=0.63U\underline{/108.4°}$$

于是 V 相上灯泡承受的电压 $\dot{U}_{WN'}$ 为

$$\dot{U}_{VN'}=\dot{U}_V-\dot{U}_{N'N}=U\underline{/-120°}-0.63U\underline{/108.4°}=1.5U\underline{/-101.6°}$$

同样 W 相上灯泡承受的电压 $\dot{U}_{WN'}$ 为

$$\dot{U}_{WN'}=\dot{U}_W-\dot{U}_{N'N}=U\underline{/120°}-0.63U\underline{/108.4°}=0.4U\underline{/-138.3°}$$

可见 V 相上灯泡承受电压大小为 $1.5U$，W 相上灯泡承受电压大小为 $0.4U$。即 V 相灯泡较亮，W 相灯泡较暗。

由此可以判定：如果电容器所接的是 U 相，则灯泡较亮的是 V 相，灯泡较暗的是 W 相。

▼ 练一练

在线电压为 380 V 的三相电源上有一组星形连接的负载，其中 $R_A=R_B=R_C=50\ \Omega$，求：

(1)负载的相电压、相电流、线电流。

(2)当 W 相端线发生开路时，各电阻上电压、电流为多少？

4.4 三相正弦电路的功率

4.4.1 三相正弦电路功率的概念

在三相电路中,无论电路对称与否,有功功率都等于各相有功功率之和

$$P=P_U+P_V+P_W=U_U I_U \cos \varphi_U+U_V I_V \cos \varphi_V+U_W I_W \cos \varphi_3$$

在对称情况下,各相电流、相电压及功率因数都相等,则

$$P=P_U+P_V+P_W=3U_P I_P \cos \varphi \tag{4-7}$$

φ 为相电压与相电流的相位差。

若对称负载做星形连接,则

$$U_P=\frac{U_L}{\sqrt{3}}, I_P=I_L$$

若对称负载做三角形连接,则

$$U_P=U_L, I_P=\frac{I_L}{\sqrt{3}}$$

将两种连接方式的 U_P、I_P 代入式(4-7),可以得到相同的结果,即

$$P=\sqrt{3}U_L I_L \cos \varphi \tag{4-8}$$

同理,对称三相负载的无功功率和视在功率分别为

$$Q=3U_P I_P \sin \varphi=\sqrt{3}U_L I_L \sin \varphi \tag{4-9}$$

$$S=3U_P I_P=\sqrt{3}U_L I_L \tag{4-10}$$

在工程实际中,设备标牌上所标的额定电压和额定电流都是线电压和线电流。由于线电压和线电流比较容易测量,因此一般采用式(4-8)计算三相有功功率,式中 φ 是每相负载的阻抗角。

例4-5

分别计算例4-2、例4-3中三相功率的大小。

解 例4-2中,$U_L=380\ V, I_L=I_P=12.57\ A$。

$$\cos \varphi=\cos \varphi_Z=\cos 31°=0.857$$

故

$$P=\sqrt{3}U_L I_L \cos \varphi=\sqrt{3}\times 380\ V\times 12.57\ A\times 0.857\approx 7\ 090\ W$$

例4-3中,$U_L=380\ V, I_L=\sqrt{3}I_P=37.71\ A$。

$$\cos \varphi=\cos \varphi_Z=\cos 31°=0.857$$

故

$$P=\sqrt{3}U_L I_L \cos \varphi=\sqrt{3}\times 380\ V\times 37.71\ A\times 0.857\approx 21\ 270\ W$$

4.4.2　三相正弦电路功率的测量

1.三相四线制功率的测量

在三相四线制电路中,当负载不对称时,需用三块单相功率表测量各相负载的功率 P_U、P_V、P_W,然后将所测数据相加,即

$$P = P_U + P_V + P_W$$

这种测量方法称为三瓦计法,如图 4-11 所示。

在三相四线制电路中,当负载对称时,因为对称负载各相功率相同,所以只需要用一块单相功率表测量某一相的功率,则三相功率为

$$P = 3P_U = 3P_V = 3P_W$$

2.三相三线制功率的测量

在三相三线制电路中,无论负载对称与否,均可用两个单相功率表测量三相负载的功率,这种测量方法称为二瓦计法,如图 4-12 所示。

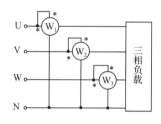

图 4-11　三瓦计法

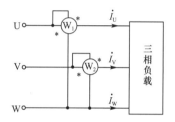

图 4-12　二瓦计法

两个表的电流线圈可以分别串联在任意两相(如 U、V 两相)端线上,电压线圈的异名端必须同时接到第三条端线(W 相端线)上。可以证明图中两个功率表读数的代数和就是三相三线制中右侧电路吸收的平均功率。设两个功率表的读数分别为 P_1、P_2,功率表 W_1 的电流线圈流过的是 U 相电流,电压线圈取线电压 U_{UW};功率表 W_2 的电流线圈流过的是 V 相电流,电压线圈取线电压 U_{VW}。

图 4-12 中两只功率表的读数为

$$P_1 = U_{UW} I_U \cos \varphi_1 \tag{4-11}$$
$$P_2 = U_{VW} I_V \cos \varphi_2 \tag{4-12}$$

式中,φ_1 为电压相量 $\dot{U}_{UW}$ 与电流相量 $\dot{I}_U$ 之间的相位差;φ_2 为电压相量 $\dot{U}_{VW}$ 与电流相量 $\dot{I}_V$ 之间的相位差。功率表 W_1 的读数为 P_1,功率表 W_2 的读数为 P_2。

可以证明图 4-12 中两只功率表的读数和为右侧三相三线制电路的总有功功率。三相电路的瞬时功率为

$$p = u_{UN} i_U + u_{VN} i_V + u_{WN} i_W = (u_{UN} - u_{WN}) i_U + (u_{VN} - u_{WN}) i_V = u_{UW} i_U + u_{VW} i_V$$

有功功率为

$$P = \frac{1}{T} \int_0^T p \, \mathrm{d}t = U_{UW} I_U \cos \varphi_1 + U_{VW} I_V \cos \varphi_2 = P_1 + P_2$$

由此可见,两个功率表所测功率的代数和即右侧电路的功率。

还可以证明,在对称三相制中有

$$P_1 = U_{UW} I_U \cos(\varphi - 30°)$$
$$P_2 = U_{VW} I_V \cos(\varphi + 30°)$$

式中,φ 为负载的阻抗角。若 $\varphi > 60°$,两个功率表之一的读数可能为负,求代数和时,应取负值。单独一个功率表的读数没有意义。

例4-6

图 4-12 所示电路,已知电路为对称电路,负载吸收总功率 $P = 5.5$ kW,功率因数 $\cos \varphi = 0.82$(感性),线电压 $U_L = 380$ V。求图中两个表的读数。

解 根据对称特点 $P = 3U_P I_P \cos \varphi = \sqrt{3} U_L I_L \cos \varphi$,则线电流为

$$I_L = \frac{P}{\sqrt{3} U_L \cos \varphi} = \frac{5\,500 \text{ W}}{\sqrt{3} \times 380 \text{ V} \times 0.82} \approx 10.2 \text{ A}$$

阻抗角为

$$\varphi = \arccos 0.82 = 35°$$

两个表的读数为

$$P_1 = U_{UW} I_U \cos(\varphi - 30°) = 380 \text{ V} \times 10.2 \text{ A} \times \cos(35° - 30°) = 3\,858 \text{ W}$$

$$P_2 = U_{VW} I_V \cos(\varphi + 30°) = 380 \text{ V} \times 10.2 \text{ A} \times \cos(35° + 30°) = 1\,642 \text{ W}$$

因为两表的读数和为总功率,所以只要求得一个表的读数,则另一个表的读数就是负载的功率减该表的读数,即 $P_2 = P - P_1$。

练一练

有一个三相对称负载,每相负载的电阻 $R = 12$ Ω,感抗 $X_L = 16$ Ω。如果负载接成星形,接到线电压为 380 V 的三相对称电源上,求负载的相电流、线电流及有功功率。

项目实施

【实施器材】
(1)三相电源、导线、灯盘、开关若干。
(2)电流表、电压表、功率表、万用表。

【实施步骤】
(1)学习项目要求的相关知识。
(2)两人一组将三相负载1进行星形、三相负载2进行三角形连接,同时将三相负载和三相电源进行连接,注意实验操作原则。
(3)使用电流表、电压表、功率表测量相电压、线电压、相电流、线电流及功率,验证相电

压(相电流)与线电压(线电流)的关系。

（4）计算三相电路的相关参数，将计算结果和实际测得数据比较。

【实训报告】

项目实训报告内容包括实施目标、实施器材、实施步骤、测量数据、比较数据及总结体会。

知识归纳

（1）三相交流电路是指由三个频率相同、最大值或有效值相等，初相互差 120°的正弦电压源组成的电路。

（2）三相电源的输电方式：三相四线制（由三根火线和一根地线组成），通常在低压配电系统中采用；三相三线制（由三根火线组成）。

（3）三相电源星形连接时的电压关系：线电压大小是相电压大小的 $\sqrt{3}$ 倍，即

$$U_L = \sqrt{3} U_P$$

（4）三相电源三角形连接时的电压关系：线电压与相电压大小相等，即

$$U_L = U_P$$

（5）三相负载星形连接时，无论有无中性线，线电压大小与相电压大小的关系均为

$$U_L = \sqrt{3} U_P$$

若三相负载对称，则

$$I_L = I_U = I_V = I_W$$

有中性线时，中性线上流过的电流为

$$\dot{I}_N = \dot{I}_U + \dot{I}_V + \dot{I}_W$$

若三相负载对称，则中性线上流过的电流为零。若三相负载不对称，则中性线上有电流流过，此时中性线不能省略，不能断开。因此中性线上不能安装开关、熔断器。

（6）三相负载三角形连接时，若三相负载对称，则电压、电流关系为

$$U_L = U_P$$

$$I_L = \sqrt{3} I_P$$

（7）三相对称电路的计算，只需要取其中的一相，按单相电路进行计算即可。

（8）三相不对称电路的计算，根据负载不同的连接方式，对几种典型不对称电路进行分析，找出其特点，然后分别进行计算。

（9）三相电路的功率分为有功功率、无功功率和视在功率。

若三相电路对称，则有功功率为

$$P = P_U + P_V + P_W = 3 U_P I_P \cos \varphi$$

$$P = \sqrt{3} U_L I_L \cos \varphi$$

无功功率为

$$Q = 3 U_P I_P \sin \varphi = \sqrt{3} U_L I_L \sin \varphi$$

视在功率为

$$S = 3 U_P I_P = \sqrt{3} U_L I_L = \sqrt{P^2 + Q^2}$$

如果三相负载不对称，三相的总功率等于分别计算的三个单相功率之和。

4-1 有一台三相发电机,其三相绕组接成星形时,测得各线电压为 380 V。求当改成三角形连接时的线电压。

4-2 如图 4-13 所示三相电源的相电压为 220 V,求电压表 V_1、V_2 的读数。

4-3 对称三角形连接负载正常工作时,线电流为 5 A,若其中一相断开,求各个线电流。

4-4 星形连接对称负载,每相阻抗 $Z=24+32j\ \Omega$,接于线电压 $U_L=380$ V 的三相电源上,求各相电流及线电流。

4-5 对称三角形连接负载,每相阻抗 $Z=105+60j\ \Omega$,接至线电压为 6 600 V 的三相电源上,每根端线阻抗为 $Z_1=2+4j\ \Omega$,求负载的相电流、线电流、相电压、线电压。

4-6 如图 4-14 所示的对称电路中,电压表 V_2 的读数为 300 V,$Z=10+10\sqrt{3}j\ \Omega$,$Z_1=2+3j\ \Omega$,求电流表 A 和电压表 V_1 的读数。

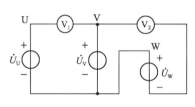

图 4-13　巩固练习 4-2 图

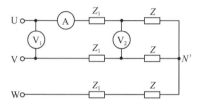

图 4-14　巩固练习 4-6 图

4-7 如图 4-15 所示三相四线制中,电源线电压 $U_L=380$ V,负载 $R_1=11\ \Omega$,$R_2=R_3=22\ \Omega$。

(1)求负载的相电压、相电流、中线电流并绘制相量图。

(2)若中线断开,求各负载相电压。

(3)若中性线断开,求 U 相短路时各负载的相电压和相电流。

(4)若中性线和 W 相都断开,求另外两相的电压和电流。

4-8 图 4-16 所示电路中,电源线电压 $U_L=380$ V,如果各相电流为 $I_1=I_2=I_3=10$ A,求各相负载的复阻抗及中性线电流 I_N。

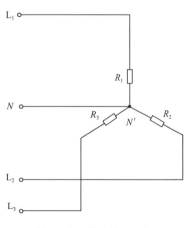

图 4-15　巩固练习 4-7 图

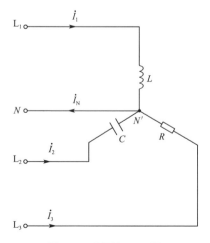

图 4-16　巩固练习 4-8 图

4-9 有一台三相电动机,其功率 $P=3.2$ kW,功率因数 $\cos\varphi=0.8$。若该电动机接在线电压为 380 V 的电源上,求电动机的线电流。

4-10 三相对称负载的功率为 5.5 kW,三角形连接后接在线电压 220 V 的三相电源上,测得线电流为 19.5 A。

(1)求负载相电流、功率因数、每相复阻抗 Z。

(2)若将该负载改接为星形连接,接至线电压为 380 V 的三相电源上,则负载的相电流、线电流、吸收的功率各为多少?

4-11 图 4-17 所示电路中,对称负载为三角形连接。已知对称三相电源线电压等于 220 V,电流表读数为 17.3 A,每相负载的有功功率为 4.5 kW,求每相负载的电阻和感抗。

4-12 如图 4-18 所示的电路为对称的 Y-Y 三相电路,电源相电压为 220 V,负载阻抗 $Z=30+20j~\Omega$,求:

(1)图中电流表的读数。

(2)三相负载吸收的功率。

(3)如果 U 相的负载阻抗等于零(其他不变),再求(1)、(2)。

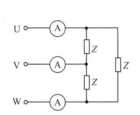

图 4-17 巩固练习 4-11 图

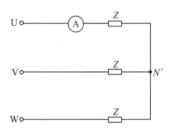

图 4-18 巩固练习 4-12 图

项目 5

互感耦合电路的分析

项目要求

理解互感系数、耦合系数的含义;掌握同名端的判断、互感电路的电压与电流关系;掌握理想变压器的端口特性。

【知识要求】

(1)理解互感系数、耦合系数的含义。

(2)掌握同名端的判断、互感的电压与电流关系。

(3)掌握理想变压器的变压、变流、阻抗变换关系。

【技能和素质要求】

(1)学会测定互感线圈同名端方法。

(2)掌握变压器的使用。

(3)培养刻苦钻研、勇挑重担、专心致志、追求极致的工匠精神。

项目目标

(1)掌握互感线圈同名端测定方法及互感系数、耦合系数的含义。

(2)能够正确写出互感电路电压与电流关系,分析互感电路问题。

(3)能够对变压器的变压、变流、阻抗变换关系进行计算。

5.1 耦合电感

案例导入

　　钳形电流表是一种不需要断开电路就可以直接测量交流电流的携带式仪表。在电气检修中使用非常方便,应用非常广泛。其外形如图 5-1 所示。它主要由穿心式电流互感器和带整流装置的磁电系电流表组成,其内部电路如图 5-2 所示。测量电流时,按动扳手,打开钳口,将被测单根导线置于活动铁芯中间。当被测导线中有交流电流通过时,交流电流的磁通在互感器副边绕组中感应出电流,该电流通过电磁式电流表的线圈,使指针发生偏转,在表盘刻度尺上显示出被测电流值。

图 5-1　钳形电流表的外形

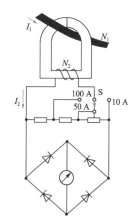

图 5-2　钳形电流表的内部电路

5.1.1 互 感

1. 互感现象

　　如图 5-3 所示实验电路中,交流铁芯线圈的绕组 Ⅰ 接正弦交流电源,绕组 Ⅱ 接交流电压表。当绕组 Ⅰ 中有电流 i_1 流过时,绕组 Ⅱ 上连接的电压表指针发生了偏转。实验表明,绕组 Ⅱ 上虽然没有直接连接电源,但当绕组 Ⅰ 中的电流发生变化时,会在绕组 Ⅱ 上感应出一个电压。这种一个线圈中的电流发生变化,

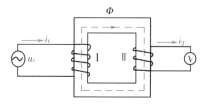

图 5-3　互感现象实验电路

而在另一个线圈中产生感应电压的现象称为互感现象。相应地,产生的感应电压称为互感

电压。

当线圈Ⅰ接入电源时,回路中会有交变的电流 i_1 产生,引发的磁动势 i_1N_1 将在铁芯中产生交变的磁通 Φ。该磁通既链接了线圈Ⅰ,又链接了线圈Ⅱ。根据电磁感应原理,它会在线圈Ⅰ和Ⅱ中分别感应出频率相同的感应电动势。线圈Ⅰ中的感应电动势称为自感电动势,线圈Ⅱ中的感应电动势称为互感电动势。

2. 互感系数

当电路中发生互感现象时,可以用互感系数的概念来表示两个具有互感关系的线圈之间的相互影响。

仍以图 5-3 所示电路为例。如果用 N_1 和 N_2 分别表示线圈Ⅰ和线圈Ⅱ的匝数,以 Φ 表示电流 i_1 在铁芯中产生的磁通,忽略漏磁通,则线圈Ⅰ中的自感磁链 $\Psi_1 = N_1\Phi$,线圈Ⅰ对线圈Ⅱ的互感磁链 $\Psi_2 = N_2\Phi$。于是,互感系数为

$$M = \frac{\Psi_2}{i_1} = \frac{N_2\Phi}{i_1}$$

可以证明,如果在线圈Ⅱ中通入电流 i_2,线圈Ⅱ对线圈Ⅰ的影响也可以用互感系数 M 来表示,并且有

$$M = \frac{\Psi_2}{i_1} = \frac{N_2\Phi}{i_1} = \frac{\Psi_1}{i_2} = \frac{N_1\Phi}{i_2} \tag{5-1}$$

一般地,将互感线圈的电路模型称为互感元件,其电路符号如图 5-4 所示。由图可见,互感元件为四端元件,L_1、L_2 及 M 都是它的参数。当线圈周围的介质为非铁磁性材料时,它是线性元件。其互感系数 M 的大小可以反映两互感线圈间的磁耦合程度。M 越大,说明两线圈间的耦合越紧,即由一个线圈产生且穿过另一线圈的磁通越多;反之,M 越小,说明两线圈的耦合越松;当 $M=0$ 时,两线圈之间就不存在耦合关系了。这里需要说明的是,M的大小不仅与磁通量的多少有关,而且与两线圈的匝数、几何尺寸、相对位置和磁介质等有关。当耦合磁路中采用铁磁性材料时,M 将不是常数。

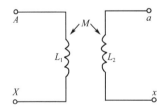

互感现象

图 5-4　互感元件的电路符号

两线圈的耦合程度可由耦合系数 K 来表示,它的定义为

$$K = \frac{M}{\sqrt{L_1 L_2}} \tag{5-2}$$

K 的取值范围是 $0 \leqslant K \leqslant 1$。其中,$K=0$ 时,表明两线圈没有磁耦合;$K=1$ 时,一个线圈产生的磁通将全部穿过另一个线圈,这种情况称为全耦合。

例5-1

两互感耦合线圈,已知 $L_1=16$ mH, $L_2=4$ mH。

(1)若 $K=0.5$,求互感系数 M。

(2)若 $M=6$ mH,求耦合系数 K。

(3)若两线圈为全耦合,求互感系数 M。

解　由式(5-2)有

(1) $M=K\sqrt{L_1L_2}=0.5\times\sqrt{16\times10^{-3}\text{ H}\times4\times10^{-3}\text{ H}}=0.5\times8\times10^{-3}$ H

$=4$ mH

(2) $K=\dfrac{M}{\sqrt{L_1L_2}}=\dfrac{6\times10^{-3}\text{ H}}{\sqrt{16\times10^{-3}\text{ H}\times4\times10^{-3}\text{ H}}}=\dfrac{6\times10^{-3}}{8\times10^{-3}}=0.75$

(3)两线圈全耦合时, $K=1$,所以

$$M=\sqrt{L_1L_2}=\sqrt{16\times10^{-3}\text{ H}\times4\times10^{-3}\text{ H}}=8\text{ mH}$$

5.1.2　同名端

1.同名端的定义

在如图 5-4 所示的互感元件中,共有两组端钮: A 和 X, a 和 x。当互感现象发生时,两组线圈上分别会有电压产生。因此,在每组端钮中必然要有一个瞬时极性为正的端钮和一个瞬时极性为负的端钮。规定:在这四个接线端钮中,瞬时极性始终相同的端钮称为同极性端,又称同名端。四个端钮中必有两组同名端。例如在某一瞬间,端钮 A 和 a 上的极性同为正,则 A 和 a 就是一对同名端,同时 x 与 X 也是一对同名端。同理,瞬时极性不相同的端钮称为异名端,如上例中的 A 和 x, X 与 a 就是两组异名端。

2.同名端的判断

对于同名端,通常用标记"·"或者"*"将其标明,如图 5-5 所示。该图实际上也给出了一种测定同名端的方法:在闭合开关 K 的瞬间,电压表指针正向偏转,说明 A 和 a 是一对同名端;如果指针反向偏转,则 A 和 x 是一对同名端。这是因为在闭合 K 的瞬间,线圈Ⅰ中的电流 i_1 增大,在线圈Ⅰ中产生感生电动势的 ε 方向如图 5-5 所示, A 端为正, X 端为负。如果这时电压表指针正向偏转,说明在另一线圈Ⅱ中产生的互感电动势使 a 端为正, x 端为负,则 A 与 a 同为正极性端, X 与 x 同为负极性端。所以 A 与 a, X 与 x 为两组同名端。

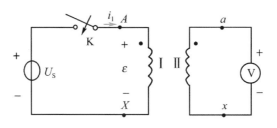

图 5-5　同名端的判断

例 5-2

判断如图 5-6 所示互感线圈的同名端。

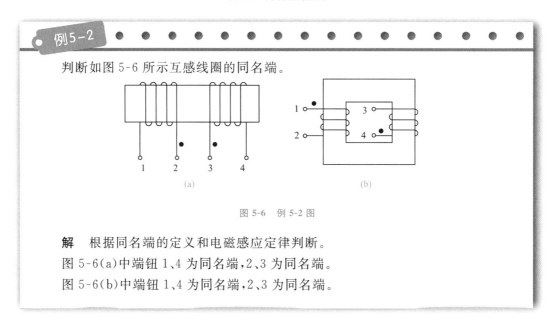

图 5-6　例 5-2 图

解　根据同名端的定义和电磁感应定律判断。

图 5-6(a)中端钮 1、4 为同名端，2、3 为同名端。

图 5-6(b)中端钮 1、4 为同名端，2、3 为同名端。

5.1.3　耦合电感的伏安关系

在互感元件中，同名端一旦确定下来，互感电压的方向也就随之确定了。以图 5-7 所示的电路为例，如果电流从一个线圈的同名端流入，则它在另一线圈中产生互感电压的方向：同名端极性为正，异名端极性为负。当电流 i_1 从线圈 Ⅰ 的同名端 A 流入，则它在线圈 Ⅱ 中产生互感电压 u_{21} 时，同名端 a 的极性为正，异名端 x 的极性为负。互感电压的方向如图 5-7 所示。

这样，在如图 5-8 所示的电路中，电压 u_1、u_2 可表示为

$$u_1 = u_{11} + u_{12}$$
$$u_2 = u_{21} + u_{22}$$

式中，u_{11} 和 u_{22} 分别为线圈 Ⅰ 和线圈 Ⅱ 中的自感电压，u_{21} 是电流 i_1 在线圈 Ⅱ 中产生的互感电压，u_{12} 是电流 i_2 在线圈 Ⅰ 中产生的互感电压，在图 5-8 所示参考方向下，其计算式为

$$u_{11} = L_1 \frac{\mathrm{d}i_1}{\mathrm{d}t}, \quad u_{22} = L_2 \frac{\mathrm{d}i_2}{\mathrm{d}t}$$

$$u_{21} = M \frac{\mathrm{d}i_1}{\mathrm{d}t}, \quad u_{12} = M \frac{\mathrm{d}i_2}{\mathrm{d}t}$$

于是有

$$u_1 = u_{11} + u_{12} = L_1 \frac{\mathrm{d}i_1}{\mathrm{d}t} + M \frac{\mathrm{d}i_2}{\mathrm{d}t} \qquad (5\text{-}3)$$

$$u_2 = u_{22} + u_{21} = L_2 \frac{\mathrm{d}i_2}{\mathrm{d}t} + M \frac{\mathrm{d}i_1}{\mathrm{d}t} \qquad (5\text{-}4)$$

当电流为正弦交流电时,式(5-3)和式(5-4)可写为相量形式,即

$$\dot{U}_1 = \dot{U}_{11} + \dot{U}_{12} = \mathrm{j}\omega L_1 \dot{I}_1 + \mathrm{j}\omega M \dot{I}_2 \qquad (5\text{-}5)$$

$$\dot{U}_2 = \dot{U}_{22} + \dot{U}_{21} = \mathrm{j}\omega L_2 \dot{I}_2 + \mathrm{j}\omega M \dot{I}_1 \qquad (5\text{-}6)$$

式中,$\dot{U}_{12} = \mathrm{j}\omega M \dot{I}_2$,$\dot{U}_{21} = \mathrm{j}\omega M \dot{I}_1$;$\omega M = X_{\mathrm{m}}$ 称为互感抗,单位为欧姆(Ω)。

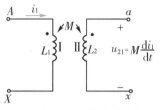

图 5-7　互感电压的方向

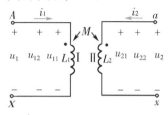

图 5-8　互感电压与电流

通过以上分析得知,当互感现象存在时,一个线圈的电压不仅与流过线圈本身的电流有关,而且与相邻线圈中的电流有关。

需要指出的是,以上公式针对图 5-8 的参考方向而定。一旦电流 i_1 或 i_2 方向变化,或同名端发生改变,公式中的符号也要随之改变。具体情况请读者自行分析。

例 5-3

如图 5-3 所示互感现象电路,已知 u_{S} 频率为 500 Hz 时,测得电流 $I_1 = 1$ A,电压表读数为 31.4 V,求两线圈的互感系数 M。

解　电压表读数由互感现象引起,互感电压为

$$\dot{U}_2 = \mathrm{j}\omega M \dot{I}_1$$

于是

$$U_2 = \omega M I_1$$

所以

$$M = \frac{U_2}{\omega I_1} = \frac{U_2}{2\pi f I_1} = \frac{31.4 \text{ V}}{2 \times 3.14 \times 500 \text{ Hz} \times 1 \text{ A}} = 0.01 \text{ H}$$

例 5-4

如图 5-7 所示电路,同名端已标在电路中。若 $M = 0.2$ H,$i_1 = 5\sqrt{2}\sin(314t)$ A,求互感电压 u_{21}。

解　u_{21} 方向如图 5-7 所示,先将 i_1 写成相量形式,为

$$\dot{I}_1 = 5\underline{/0^\circ} \text{ A}$$

于是

$$\dot{U}_{21} = \mathrm{j}\omega M \dot{I}_1 = 314\underline{/90^\circ} \text{ V}$$

故

$$u_{21} = 314\sqrt{2}\sin(314t + 90^\circ) \text{ V}$$

练一练

1.耦合系数 K 的物理意义是什么？什么是全耦合？为什么收音机的电源变压器与输出变压器往往尽量远离并相互垂直放置？

2.什么是同名端？在图 5-5 中,如果 X 与 a 是一对同名端,K 闭合瞬间电压表指针如何偏转？

5.2 有耦合电感的正弦电路

5.2.1 耦合电感的串联

两个互感线圈串联时,因同名端的位置不同而分为两种情况:第一,两线圈的异名端连接在一起,如图 5-9(a)所示,这种连接方式称为顺向串联,简称顺联;第二,两线圈的同名端连接在一起,如图 5-9(b)所示,这种连接方式称为反向串联,简称反联。下面分别介绍。

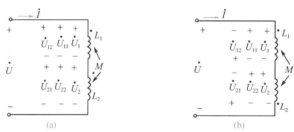

图 5-9　互感线圈的串联

1. 互感线圈的顺向串联

耦合电感的顺向串联是异名端相接,电流是从两电感线圈的同名端流入或流出。因此,当它们各自在对方线圈两端产生互感电压时,同名端极性为正,如图 5-9(a)中 $\dot{U}_{12}$ 和 $\dot{U}_{21}$ 所示。根据 KVL 及互感元件的伏安关系,可写出在正弦交流情况下,$\dot{U}_1$、$\dot{U}_2$ 及 $\dot{U}$ 的相量表达式为

$$\dot{U}_1=\dot{U}_{11}+\dot{U}_{12}=j\omega L_1 \dot{I}+j\omega M \dot{I}$$

$$\dot{U}_2=\dot{U}_{22}+\dot{U}_{21}=j\omega L_2 \dot{I}+j\omega M \dot{I}$$

于是　　　　　　　$\dot{U}=\dot{U}_1+\dot{U}_2=(j\omega L_1 \dot{I}+j\omega M \dot{I})+(j\omega L_2 \dot{I}+j\omega M \dot{I})$

故　　　　　　　　　$\dot{U}=j\omega(L_1+L_2+2M)\dot{I}$ 　　　　　　　(5-7)

$L_s=L_1+L_2+2M$ 为顺向串联时的等效电感。

2. 互感线圈的反向串联

耦合电感的反向串联是同名端相接,电流是从一个线圈的同名端流入或流出,从另一个

线圈的异名端流出或流入。这样,它在线路中产生互感电压 $\dot{U}_{21}$ 和 $\dot{U}_{12}$ 都为负,其方向如图 5-9(b)所示。当输入电流为正弦量时,$\dot{U}_1$、$\dot{U}_2$ 及 $\dot{U}$ 的相量表达式分别为

$$\dot{U}_1=\dot{U}_{11}-\dot{U}_{12}=\mathrm{j}\omega L_1\dot{I}-\mathrm{j}\omega M\dot{I}$$

$$\dot{U}_2=\dot{U}_{22}-\dot{U}_{21}=\mathrm{j}\omega L_2\dot{I}-\mathrm{j}\omega M\dot{I}$$

于是　　　　　　　　$$\dot{U}=\dot{U}_1+\dot{U}_2=(\mathrm{j}\omega L_1\dot{I}-\mathrm{j}\omega M\dot{I})+(\mathrm{j}\omega L_2\dot{I}-\mathrm{j}\omega M\dot{I})$$

故　　　　　　　　　$$\dot{U}=\mathrm{j}\omega(L_1+L_2-2M)\dot{I} \tag{5-8}$$

$L_\mathrm{f}=L_1+L_2-2M$ 为反向串联时的等效电感。

　　由于互感线圈在顺向串联和反向串联时的等效电感不同,因此,在相同电压作用下,流过它们的电流也不会相等。当两线圈顺向串联时,其等效电感较大,流过的电流较小。这样,只要测得两次连接情况下的电流值,就可以判断出互感线圈的同名端。如图 5-9(b)所示,电流测量值较大那一次两线圈的公共端即同名端。这实际上提供了一种测定同名端的方法。

　　除此之外,利用互感线圈的串联,还可以测量互感系数 M,其原理如下:

　　根据等效电感 L_s 和 L_f 的表达式有

$$L_\mathrm{s}-L_\mathrm{f}=(L_1+L_2+2M)-(L_1+L_2-2M)=4M$$

于是　　　　　　　　　　　　$$M=\frac{L_\mathrm{s}-L_\mathrm{f}}{4}$$

　　这样,在图 5-9 中,只要测量 $\dot{U}$ 和 $\dot{I}$,再分别利用式(5-7)和式(5-8)就可以计算出 L_s 和 L_f,从而得出互感系数 M 的值。

例 5-5 ● ● ● ● ● ● ● ● ● ● ● ● ● ● ● ● ● ● ●

　　电路如图 5-10 所示,A、B 间接有 $U_1=10$ V 的交流电源,$\omega L_1=\omega L_2=4$ Ω,$\omega M=2$ Ω,求 C、D 间开路电压 $\dot{U}_2$。

　　解　C、D 开路时,线圈 II 中无电流流过,所以线圈 I 中无互感电动势,此时令 $\dot{U}_1=10\underline{/0°}$ V,则线圈 I 中电流表达式为

$$\dot{I}_1=\frac{\dot{U}_1}{\mathrm{j}\omega L_1}=\frac{10\underline{/0°}}{4\underline{/90°}}=2.5\underline{/-90°}\text{ A}$$

　　线圈 II 中互感电压 $\dot{U}_{21}$ 方向如图 5-10 所示,则

$$\dot{U}_{21}=\mathrm{j}\omega M\dot{I}_1=5\underline{/0°}\text{ V}$$

故 C、D 间开路电压为

$$\dot{U}_2=\dot{U}_1+\dot{U}_{21}=10\underline{/0°}\text{ V}+5\underline{/0°}\text{ V}=15\underline{/0°}\text{ V}$$

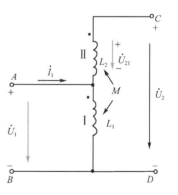

图 5-10　例 5-5 电路

例5-6

电路如图 5-11 所示,已知 $R_1=4\ \Omega$,$R_2=6\ \Omega$,$\omega L_1=6.5\ \Omega$,$\omega L_2=9.5\ \Omega$,$\omega M=2\ \Omega$,电压 $U=45\ V$,求电路中的电流 I。

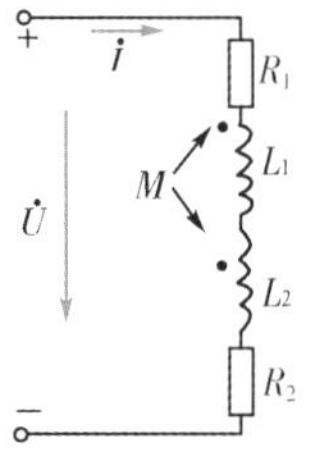

解 首先选定电流和电压的参考方向如图 5-11 所示。由于两线圈顺联,故

$$\omega L_s=\omega(L_1+L_2+2M)=6.5\ \Omega+9.5\ \Omega+2\times 2\ \Omega=20\ \Omega$$

串联总电阻为

$$R=R_1+R_2=4\ \Omega+6\ \Omega=10\ \Omega$$

则串联电路总的等效阻抗为

$$|Z|=\sqrt{R^2+(\omega L_s)^2}=\sqrt{(10\ \Omega)^2+(20\ \Omega)^2}=22.36\ \Omega$$

图 5-11 例 5-6 电路

故电流为

$$I=\frac{U}{|Z|}=\frac{45\ V}{22.36\ \Omega}=2.01\ A$$

5.2.2 耦合电感的并联

互感线圈的并联也有两种形式:如图 5-12(a)所示,如果两线圈的同名端连接在一起,称为同侧并联;如图 5-13(a)所示,如果两线圈的异名端连接在一起,称为异侧并联。

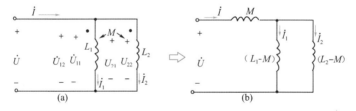

图 5-12 同侧并联的去耦等效电路

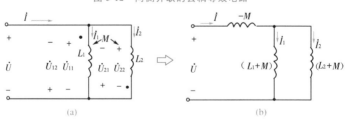

图 5-13 异侧并联的去耦等效电路

1. 同侧并联

如图 5-12(a)所示,当两线圈同侧并联时,支路电流 $\dot{I}_1$、$\dot{I}_2$ 分别从两线圈的同名端流入。这样,当电路中产生自感电压 $\dot{U}_{11}$ 和 $\dot{U}_{22}$ 以及互感电压 $\dot{U}_{12}$ 和 $\dot{U}_{21}$ 时,其方向分别如图所示。根据 KVL 和 KCL,有

$$\begin{cases} \dot{I} = \dot{I}_1 + \dot{I}_2 \\ \dot{U} = \dot{U}_{11} + \dot{U}_{12} = j\omega L_1 \dot{I}_1 + j\omega M \dot{I}_2 \\ \dot{U} = \dot{U}_{22} + \dot{U}_{21} = j\omega L_2 \dot{I}_2 + j\omega M \dot{I}_1 \end{cases} \tag{5-9}$$

由式(5-9)得

$$\begin{cases} \dot{U} = j\omega(L_1 - M)\dot{I}_1 + j\omega M \dot{I} \\ \dot{U} = j\omega(L_2 - M)\dot{I}_2 + j\omega M \dot{I} \end{cases} \tag{5-10}$$

则

$$\dot{U} = j\omega \frac{L_1 L_2 - M^2}{L_1 + L_2 - 2M} \dot{I} \tag{5-11}$$

所以

$$L_{eq} = \frac{L_1 L_2 - M^2}{L_1 + L_2 - 2M} \tag{5-12}$$

根据式(5-10),可以绘出图 5-12(a)的等效电路,如图 5-12(b)所示。在该电路中各等效电感都是自感,无互感存在,故称这种电路为去耦等效电路。利用去耦等效电路分析问题,由于不必再考虑互感的影响,因而简便易行。

2. 异侧并联

如图 5-13(a)所示,当两线圈异侧并联时,支路电流 $\dot{I}_1$、$\dot{I}_2$ 分别从两线圈的异名端流入。这样,当电路中产生自感电压 $\dot{U}_{11}$ 和 $\dot{U}_{22}$ 以及互感电压 $\dot{U}_{12}$ 和 $\dot{U}_{21}$ 时,其方向分别如图 5-13(a)所示。根据 KCL 和 KVL 列方程

$$\begin{cases} \dot{I} = \dot{I}_1 + \dot{I}_2 \\ \dot{U} = \dot{U}_{11} - \dot{U}_{12} = j\omega L_1 \dot{I}_1 - j\omega M \dot{I}_2 \\ \dot{U} = \dot{U}_{22} - \dot{U}_{21} = j\omega L_2 \dot{I}_2 - j\omega M \dot{I}_1 \end{cases} \tag{5-13}$$

由式(5-13)得

$$\begin{cases} \dot{U} = j\omega(L_1 + M)\dot{I}_1 - j\omega M \dot{I} \\ \dot{U} = j\omega(L_2 + M)\dot{I}_2 - j\omega M \dot{I} \end{cases} \tag{5-14}$$

则

$$\dot{U} = j\omega \frac{L_1 L_2 - M^2}{L_1 + L_2 + 2M} \dot{I} \tag{5-15}$$

所以

$$L_{eq} = \frac{L_1 L_2 - M^2}{L_1 + L_2 + 2M} \tag{5-16}$$

需要指出的是,在图 5-13(b)所示等效电路中,等效电感(−M)是一个负值,这只是计算上的需要,并无实际意义。

练一练

1.无互感的两线圈串联时,若各线圈的自感分别为 L_1 与 L_2,其等效电感是多少?

2.利用两互感线圈串联连接测互感系数时,已知交流电源频率 $f = 50$ Hz,顺向串联时等效电感 $L_s = 16$ H,反向串联时等效电感 $L_f = 8$ H,求互感系数 M。

5.3　变压器

 5.3.1　变压器的用途和分类

变压器是根据互感原理制成的一种电器设备,它具有变换交流电压、变换交流电流(如变流器、大电流发生器等)和变换阻抗(如电子线路中的输入变压器、输出变压器等)的功能,因而在各个领域获得了广泛的应用。

在电力系统中,各发电厂产生的交流电需要通过输电线路送到各用电单位,输送距离往往很远。从前面讨论知道,在视在功率相同的情况下,输电电压越大,电流就越小。这样不仅可以减小输电导线横截面积,节省材料,而且还可以减小功率损耗,因此电力系统中均采用大电压输送电能,如著名的三峡工程就采用 500 kV 的大电压进行输电。然而,一方面从安全用电和制造成本考虑,这么大的电压是不可能由发电机直接产生的,必须采用变压器将电压增大。另一方面,用电设备所需的电压往往较小,而且所需电压的大小也不确定,这就需要使用变压器把电网送来的大电压减小为用电设备所需的电压值。这就是电力变压器的升压和降压作用。

变压器的种类很多,按相数可分为单相变压器、三相变压器和多相变压器;按用途可分为电力变压器、特种变压器、仪用互感器以及电子设备中常用的电源变压器、耦合变压器和脉冲变压器等;按铁芯结构可分为芯式变压器和壳式变压器等。

5.3.2　变压器的基本结构

变压器虽然种类繁多,形状各异,但其基本结构都是相同的,主要由铁芯和绕组两部分组成。

1. 铁芯

铁芯是变压器的主磁路,又能起到支撑绕组的作用。为了减小涡流和磁滞损耗,同时提高磁路的导磁性能,变压器铁芯通常采用涂有绝缘漆膜,厚度为 0.35 mm 和 0.5 mm 的硅钢片叠成。如图 5-14 所示,按照铁芯的结构,变压器可分为芯式和壳式两种。

芯式变压器的绕组包围着铁芯,结构简单,装配也比较容易。一般容量较大、电压较大的变压器常采用芯式结构。

壳式变压器用铁芯包围着绕组,它的机械强度较好,不需要专门的变压器外壳,仅用于小功率的单相变压器和特殊用途的变压器。

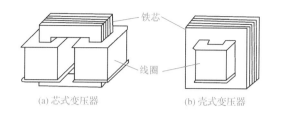

(a) 芯式变压器　　　(b) 壳式变压器

图 5-14　变压器的类别

2. 绕组

绕组是变压器的电路部分，由绝缘铜导线或铝导线绕制，绕制时多采用圆柱绕组。与电源相连的绕组称为原绕组，又称为"原边"或初级绕组；与负载相连的绕组称为副绕组，又称为"副边"或次级绕组。通常，原、副绕组的匝数不相等，匝数多的绕组电压较大，称为高压绕组。匝数少的绕组电压较小，称为低压绕组。低压绕组一般靠近铁芯放置，而高压绕组则置于外层。为了防止变压器内部短路，在绕组和绕组之间、绕组和铁芯之间以及绕组的各层之间，都必须绝缘良好。

除了铁芯和绕组之外，变压器还有其他一些部件。如电力变压器的铁芯和绕组通常是浸在装有变压器油的油箱中，以起到绝缘和散热作用。此外，在油箱外有散热的油管，在油箱上还装有为引出高、低压绕组使用的绝缘套管，以及防爆管、油枕、调压开关和温度计等附属部件。如图 5-15 所示

图 5-15　三相油浸式电力变压器的外形

为三相油浸式电力变压器的外形。

5.3.3　理想变压器

理想变压器是实际变压器的理想化模型，是对互感元件的理想科学抽象，是极限情况下的耦合电感。理想变压器需要满足如下条件：

（1）全耦合，耦合系数 $K=1$。

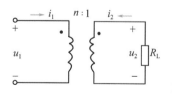

图 5-16　理想变压器的电路模型

（2）变压器本身无损耗，即初级线圈和次级线圈没有电阻，做芯子的铁磁材料的磁导率无限大。

（3）耦合线圈的自感系数 L_1 与 L_2、互感系数 M 趋于无限大且 L_1/L_2 等于常数。

理想变压器的电路模型如图 5-16 所示。

以上三个条件在工程实际中不可能满足，但在一些实际工程概算中，在误差允许的范围内，把实际变压器当理想变压器对待，可使计算过程简化。

1. 理想变压器的端口特性

（1）理想变压器的电压变换（空载运行）

变压器原绕组加上额定电压，副组开路（不接负载）的情况，称为变压器的空载运行。如图 5-17 所示，当原绕组接正弦交流电压 u_1 时，其中流过的电流称为空载电流或励磁电流。在一般变压器中，该电流很小，通常为原绕组额定电流的 3%～8%。因而原绕组上的电阻压降也很小，仅占原绕组电压的 0.1% 以下，故常忽略不计。

这样，按照图 5-17 所示的参考方向，根据 KVL，可列出原、副绕组的瞬时电压平衡方程式，即

$$\begin{cases} u_1 = R_1 i_0 - \varepsilon_{\sigma 1} - \varepsilon_1 \approx -\varepsilon_1 \\ u_{20} = \varepsilon_2 \end{cases}$$

若用相量表示，可写成

$$\dot{U}_1 \approx -\dot{E}_1$$

$$\dot{U}_{20} \approx \dot{E}_2$$

根据电磁关系中感应电动势 $E = 4.44 N \Phi_m$，可求得原、副边电压有效值之比为

$$\frac{U_1}{U_{20}} \approx \frac{E_1}{E_2} = \frac{N_1}{N_2} = K \tag{5-17}$$

K 称为变压器的变比，即原、副绕组的匝数比。当 $K>1$ 时，为降压变压器；反之，当 $K<1$ 时，为升压变压器。

（2）理想变压器的电流变换（负载运行）

变压器原绕组接电源，副绕组接负载的情况，称为变压器的负载运行，如图 5-18 所示。设变压器为理想变压器，即本身无损耗、无漏磁且铁芯材料的磁导率趋于无穷大，因此，原、副绕组的视在功率相同。于是

$$U_1 I_1 = U_2 I_2$$

故

$$\frac{I_1}{I_2} = \frac{U_2}{U_1} = \frac{N_2}{N_1} = \frac{1}{K} \tag{5-18}$$

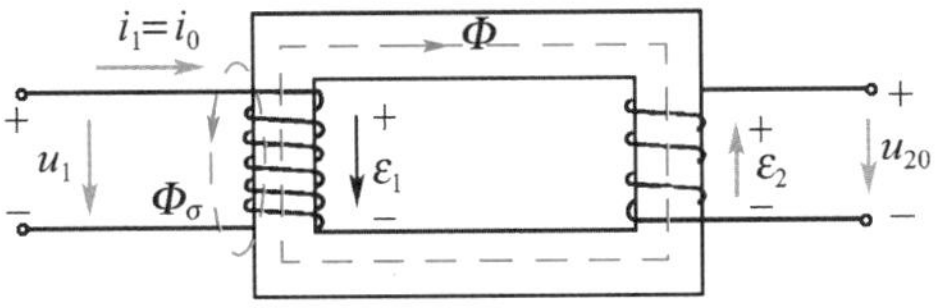

图 5-17　变压器的空载运行 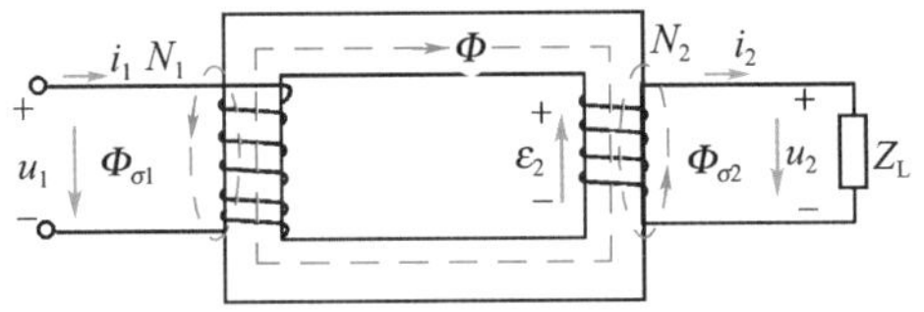　　　　图 5-18　变压器的负载运行

式（5-18）说明，理想变压器原、副绕组的电流比等于变比的倒数。需要指出的是，该式不但适用于理想变压器，而且适用于实际变压器的额定运行状态，至于实际变压器的空载或负载运行，则不适用该式。

从以上分析不难得出这样的结论：变压器匝数多的绕组电压大，电流小；匝数少的绕组电压小，电流大。

例5-7

某变压器其原边电压为 220 V,副边电压为 36 V。已知原绕组匝数是 1 100 匝。

(1)求副绕组匝数。

(2)若在副边接入一盏 36 V、100 W 的白炽灯,则原、副边电流是多少?(空载电流及内阻抗压降不计)

解 (1)变压器变比为

$$K = \frac{U_1}{U_2} = \frac{220 \text{ V}}{36 \text{ V}} = 6.11$$

所以

$$N_2 = \frac{N_1}{K} = \frac{1\ 100}{6.11} = 180$$

即副绕组匝数为 180 匝。

(2)由 $P_2 = U_2 I_2$,有

$$I_2 = \frac{P_2}{U_2} = \frac{100 \text{ W}}{36 \text{ V}} = 2.78 \text{ A}$$

于是原边电流为

$$I_1 = \frac{I_2}{K} = \frac{2.78 \text{ A}}{6.11} = 0.455 \text{ A}$$

2. 理想变压器的阻抗变换

变压器除了变换电压和变换电流外,还可进行阻抗变换。其变换阻抗的作用主要应用于电子电路。为了提高信号的输出功率和效率,常用变压器将负载阻抗变换为适当的数值,达到"阻抗匹配"。

如图 5-19 所示为变压器阻抗变换的原理。在图 5-19(a)中,负载阻抗 Z_L 接在变压器副边,但对电源来说,图中虚线框部分则相当于电源的负载,用另一阻抗 Z'_L 来表示,如图 5-19(b) 所示。两者的关系可表示为

$$\left| Z'_L \right| = \frac{U_1}{I_1} = \frac{(N_1/N_2)U_2}{(N_2/N_1)I_2} = \left(\frac{N_1}{N_2}\right)^2 \left| Z_L \right| = K^2 \left| Z_L \right| \tag{5-19}$$

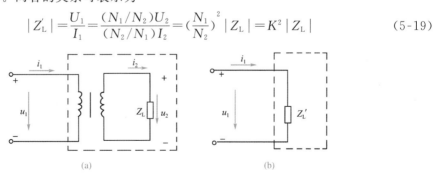

(a)   (b)

图 5-19 变压器阻抗变换的原理

式(5-19)说明,在变比为 K 的变压器副边接有阻抗 Z_L 时,相当于在电源上直接接了一个阻抗大小为 $\left| Z'_L \right| = K^2 \left| Z_L \right|$ 的负载。通过设置合适的变比 K,可以把实际负载阻抗变换为所需的数值。如果满足条件 $\left| Z'_L \right| = \left| Z_S \right|$($Z_S$ 为电源内阻),则负载可获得最大功率。

某交流信号源的电压有效值为 $U_s = 6$ V,内阻 $R_s = 100$ Ω,扬声器电阻 $R_L = 8$ Ω。

(1)如图 5-20(a)所示,若将扬声器直接接在信号源上,信号源能输出多少功率? 扬声器吸收多少功率? 信号源的效率如何?

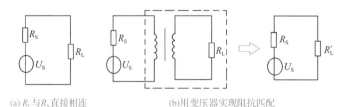

(a) R_L 与 R_s 直接相连　　　　　　(b)用变压器实现阻抗匹配

图 5-20　例 5-8 电路

(2)如果需要信号源为扬声器输出最大效率,则变压器的变比 K 应为多少? 实现阻抗匹配后信号源输出功率为多少? 负载吸收功率为多少? 此时信号源效率如何?

解　(1)由图 5-20(a)可得信号源的输出功率为

$$P_S = U_S I = U_S \frac{U_s}{R_S + R_L} = \frac{U_S^2}{R_S + R_L} = \frac{(6\ \text{V})^2}{100\ \Omega + 8\ \Omega} = 0.33\ \text{W}$$

负载吸收的功率为

$$P_L = I^2 R_L = (\frac{U_s}{R_S + R_L})^2 R_L = (\frac{6\ \text{V}}{100\ \Omega + 8\ \Omega})^2 \times 8\ \Omega = 0.025\ \text{W}$$

故效率为

$$\eta = \frac{P}{P_S} = \frac{0.025\ \text{W}}{0.33\ \text{W}} = 7.6\%$$

(2)如图 5-20(b)所示,当扬声器从信号源处获得最大功率时,$R_L' = R_s = 100$ Ω,由式(5-19),变压器的变比 K 为

$$K = \sqrt{\frac{R_L'}{R_L}} = \sqrt{\frac{100\ \Omega}{8\ \Omega}} = 3.54$$

此时信号源输出功率为

$$P_S = \frac{U_S^2}{R_S + R_L'} = \frac{(6\ \text{V})^2}{100\ \Omega + 100\ \Omega} = 0.18\ \text{W}$$

负载吸收的功率为

$$P_L = R_L' I^2 = R_L' (\frac{U_s}{R_S + R_L'})^2 = 100\ \Omega \times (\frac{6\ \text{V}}{100\ \Omega + 100\ \Omega})^2 = 0.09\ \text{W}$$

效率为

$$\eta = \frac{P}{P_S} = \frac{0.09\ \text{W}}{0.18\ \text{W}} = 50\%$$

该例题说明,在电子电路中实现阻抗匹配,可以使电源效率得到大幅度提高。

练一练

1. 一台 220 V/110 V 的变压器,原来匝数比为 5 000 匝/2 500 匝。今为节省铜线,改用 2 匝/1 匝。这样做是否可行?为什么?

2. 已知某收音机输出变压器的原边接有一个阻抗为 16 Ω 的扬声器,现要改换成 4 Ω 的扬声器,则变压器副边匝数应变为多少?

项目实施

【实施器材】

(1)电源、互感线圈、变压器、自耦调压器、电阻器、铁棒、发光二极管、开关若干。

(2)交流电流表、交流电压表、直流毫安表、直流电压表、万用表。

【实施步骤】

(1)学习项目要求的相关知识。

(2)使用直流法、交流法测定互感线圈的同名端。

(3)运用理想变压器的变比,原边、副边之间电压和电流的关系解决实际问题。

【实训报告】

实训报告内容包括实施目标、实施器材、实施步骤、测量数据、比较数据及总结体会。

知识归纳

1. 互感、互感系数、耦合系数

由一个线圈的电流变化在另一个线圈中产生感应电压的现象称为互感现象。在关联方向下,互感线圈匝数和磁通的乘积与产生互感磁链的电流的比值,称为互感系数。

$$M = \frac{N_2 \Phi}{i_1} = \frac{N_1 \Phi}{i_2}$$

耦合系数 K 用来表征两个线圈耦合的紧密程度,其定义为

$$K = \frac{M}{\sqrt{L_1 L_2}}$$

2. 同名端

同名端是用来反映磁耦合线圈的相对绕向的。其定义:两个互感线圈的电流分别从端点 A 和端点 a 流进时,每个线圈自感磁通和互感磁通的方向一致,则端点 A 和端点 a 就称为同名端。同名端通常用相同的符号"·"或"*"标出。

3. 含有耦合电感电路的计算

互感线圈串联的等效电感为

顺向串联 $\qquad L_s = L_1 + L_2 + 2M$

反向串联 $\qquad L_f = L_1 + L_2 - 2M$

根据 L_s 和 L_f 可以求出耦合线圈的互感系数为

$$M = \frac{L_s - L_f}{4}$$

互感线圈并联的等效电感为

同侧并联
$$L_{eq}=\frac{L_1L_2-M^2}{L_1+L_2-2M}$$

异侧并联
$$L_{eq}=\frac{L_1L_2-M^2}{L_1+L_2+2M}$$

4. 理想变压器

理想变压器是在耦合电感的基础上，加入无损耗、全耦合、参数无穷大及 L_1/L_2 等于常数等三个理想条件而抽象出的一种多端元件。它的初、次级电压、电流关系为

$$\frac{U_1}{U_2}=\frac{N_1}{N_2}=K, \quad \frac{I_1}{I_2}=\frac{N_2}{N_1}=\frac{1}{K}$$

理想变压器可以进行电压、电流、阻抗的变换。

巩固练习

5-1 有两个互感线圈，已知 $L_1=0.4$ H，$K=0.5$，互感系数 $M=0.1$ H，则 L_2 为多少？如果两线圈处于全耦合状态，互感系数 M 又为多少？

5-2 如图 5-21 所示电路，已知 $M=0.01$ H，当线圈 Ⅰ 中通入电流 $i_1=2\sqrt{2}\sin(314t)$ A 时，求在线圈 Ⅱ 中产生的互感电压 u_2。

5-3 如图 5-22 所示电路中，已知 $L_1=3$ H，$L_2=1$ H，$M=1$ H，$R=30$ Ω，$\dot{U}_1=5\underline{/0^\circ}$ V，$\omega=20$ rad/s，求 $\dot{I}_2$。

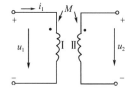
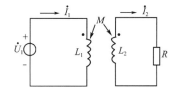

图 5-21　巩固练习 5-2 图　　　　图 5-22　巩固练习 5-3 图

5-4 如图 5-23 所示电路中，已知 $R_1=3$ Ω，$R_2=7$ Ω，$\omega L_1=9.5$ Ω，$\omega L_2=10.5$ Ω，$\omega M=5$ Ω。若电流 $\dot{I}=2\underline{/0^\circ}$ A，则外加电压为多少？

5-5 如图 5-24 所示电路，已知 $R_1=5$ Ω，$L_1=0.01$ H，$R_2=10$ Ω，$L_2=0.02$ H，$C=20$ μF，$M=0.01$ H，求顺向串联和反向串联时电路的谐振角频率。

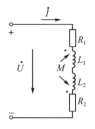
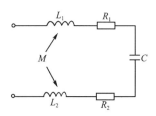

图 5-23　巩固练习 5-4 图　　　　图 5-24　巩固练习 5-5 图

5-6   如图 5-25 所示电路中,已知 $R=10\ \Omega$, $L_1=0.2$ H, $L_2=0.4$ H, $M=0.1$ H, $C=5$ pF。求电路发生谐振时的角频率。

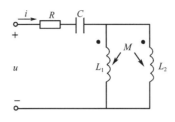

图 5-25   巩固练习 5-6 图

5-7   当发生下列情况时,将会产生什么后果?

(1)额定电压为 220 V、频率为 400 Hz 的变压器接到电压为 220 V,频率为 50 Hz 的电源上。

(2)额定电压为 220 V 的变压器误接到直流 200 V 电源上。

5-8   现有一只变压器原边有一个线圈,已知原边电压 380 V,匝数 $N_1=760$,副边有两个绕组,其空载电压分别为 $U_{20}=127$ V 和 $U_{30}=36$ V。则这两个绕组的匝数各为多少?

5-9   已知某变压器的额定视在功率为 10 kV·A,电压为 3 300 V/220 V。

(1)求原、副绕组的额定电流。

(2)副绕组最多能接多少盏 220 V、25 W 的白炽灯?

(3)如果副边接的是 220 V,30 W,$\cos\varphi=0.45$ 的日光灯,则可以接多少盏?

5-10   已知某信号源电压为 10 V,内阻为 800 Ω,负载电阻 $R_L=8$ Ω。为使负载获得最大输出功率,阻抗需要匹配。今在信号源和负载间接入一个变压器,如图 5-20(b)所示,求该变压器的变比 K 和负载获取的功率。

项目6
动态电路过渡过程的分析

项目要求

通过对一阶动态电路的仿真,了解动态电路的过渡过程;能熟练应用换路定律,确定电路的初始值。掌握 RC 电路和 RL 电路的暂态过程响应的求解;熟练掌握三要素法;了解两种典型 RC 电路的应用。

【知识要求】

(1)了解电路的暂态过程,能熟练应用换路定律,确定电路的初始值。

(2)掌握时间常数、零状态响应、零输入响应、全响应等概念。

(3)熟练掌握三要素法分析一阶电路的过渡过程。

(4)了解微分电路和积分电路的作用。

【技能和素质要求】

(1)应用仿真软件分析一阶 RC 电路和 RL 电路过渡过程。

(2)应用仿真软件分析 RC 电路得到尖脉冲和锯齿波脉冲应满足的条件。

(3)建立用数学思维模式来描述和解决工程问题的工程意识,提升科学素养。

项目目标

(1)应用仿真软件分析一阶电路的过渡过程及电路参数变化对响应的影响。

(2)掌握三要素法分析电路的全响应。

(3)应用仿真软件分析形成微分电路和积分电路的条件。

6.1　过渡过程的产生与换路定律

一辆匀速行驶的汽车,突然刹车,其速度会由原来的匀速值逐渐减小到零。在这个过程中,刹车是导致汽车运行状态发生变化的根本原因。在它的作用下,汽车从最初的稳定状态——匀速行驶,过渡到了一个新的稳定状态——静止。又如电动机启动,其转速由零逐渐增大,最终达到额定转速。它们的状态都是由一种稳定状态转换到一种新的稳定状态。这个过程的变化都不是突然的、间断的,而是逐渐的、连续的,经历了一个中间的变化过程,称为过渡过程或暂态过程。

6.1.1　过渡过程的产生

如图 6-1 所示,三只灯泡 D_1、D_2、D_3 为同一规格。假设开关 K 处于断开状态,并且电路中各支路电流均为零。在这种稳定状态下,灯泡 D_1、D_2、D_3 都不亮。当开关闭合后,在外施直流电压 U_S 作用下,灯泡 D_1 由暗逐渐变亮,最后亮度达到稳定;灯泡 D_2 在开关闭合的瞬间突然闪亮了一下,随着时间的延迟逐渐暗下去,直到完全熄灭;灯泡 D_3 在开关闭合的瞬间立即变亮,而且亮度稳定不变。由此可见,电感和电容就是这种具有惯性的电路元件,因此,含有电感或电容元件的电路存在着过渡过程。

在如图 6-1 所示电路中,开关 K 的闭合导致了电容、电感支路过渡过程的产生。这种开关的接通或断开导致电路工作状态发生变化的现象称为换路。常见的换路还包括电源电压的变化、元件参数的改变以及电路连接方式的改变等。

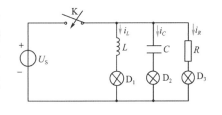

图 6-1　过渡过程的产生

实践证明,换路是电路产生过渡过程的外部因素,而电路中含有储能元件才是过渡过程产生的内部因素。在如图 6-1 所示电路中,电阻支路由于不含储能元件,虽然发生换路,但却没有过渡过程,即灯泡 D_3 能够瞬间点亮,且亮度恒定。而电感和电容支路的情况就不同了,电路发生换路时,电感元件和电容元件中储存的能量不能突变,这种能量的储存和释放需要经历一定的时间,所以在 L 和 C 确定的情况下,电容电压 u_C 和电感电流 i_L 也不能突变。在如图 6-1 所示的电路中,当 K 闭合以后,电感支路电流 i_L 将从零逐渐增大,达到稳定,因此,灯泡 D_1 的亮度也随之变化。与此同时,电容两端的电压 u_C 从零逐渐增大,直至稳定为 U_S。相应地,灯泡 D_2 两端的电压($u_{D2} = U_S - u_C$)从 U_S 逐渐减小至零,致使 D_2 的亮度逐渐变暗,最后熄灭。

电路的过渡过程虽然时间短暂(一般只有几毫秒,甚至几微秒),在实际工作中却极为重要。如在电子技术中常用它来改善波形或产生特定的波形;在控制设备中,则利用电路的暂态特性加快控制速度等。当然过渡过程也有其有害的一面,由于它的存在,可能在电路换路瞬间产生过电压或过电流现象,使电气设备或元器件受损,危及人身及设备安全。因此,研究电路过渡过程的目的就是要认识和掌握这种客观存在的物理现象的规律。在生产实践中既要充分利用它的优点,又要防止它可能产生的危害。

6.1.2 换路定律及电路初始值的计算

从上面的分析中,可以得出这样的结论:电路在发生换路时,电容元件两端的电压 u_C 和电感元件上的电流 i_L 都不会突变。假设换路是在瞬间完成的,则换路后一瞬间电容元件两端的电压应等于换路前一瞬间电容元件两端的电压,而换路后一瞬间电感元件上的电流应等于换路前一瞬间电感元件上的电流,这个规律就称为换路定律。它是分析电路过渡过程的重要依据。

如果以 $t=0$ 时刻表示换路瞬间,令 $t=0_-$ 表示换路前一瞬间,$t=0_+$ 表示换路后一瞬间,则换路定律可以用公式表示为

$$u_C(0_+)=u_C(0_-) \tag{6-1}$$

$$i_L(0_+)=i_L(0_-) \tag{6-2}$$

例如,某 RC 串联电路在 $t=0$ 时刻换路,换路前电容中有初始储能,电容两端电压 $u_C(0_-)$ 为 4 V,则换路后,电容两端的初始电压 $u_C(0_+)=u_C(0_-)=4$ V;若该电路在换路前电容上没有初始储能,则换路后电容两端的初始电压 $u_C(0_+)=u_C(0_-)=0$。

换路定律说明电容上的电压和电感上的电流不能突变。实际上,电路中电容上的电流和电感上的电压,以及电阻上的电压、电流都是可以突变的。电路换路以后,电路中各元件上的电流和电压将以换路后一瞬间的数值为起点而连续变化,这一数值就是电路的初始值。在一阶电路中它包括 $u_C(0_+)$、$i_C(0_+)$、$u_L(0_+)$、$i_L(0_+)$、$u_R(0_+)$、$i_R(0_+)$。初始值是研究电路过渡过程的一个重要指标,它决定电路过渡过程的起点。计算初始值步骤如下:

(1)确定换路前电路中的 $u_C(0_-)$ 和 $i_L(0_-)$。若电路较复杂,可先绘出 $t=0$ 时刻的等效电路,用基尔霍夫定律求解。

(2)由换路定律确定 $u_C(0_+)$ 和 $i_L(0_+)$。

(3)绘出 $t=0_+$ 时的等效电路。

(4)根据欧姆定律和基尔霍夫定律求解电路中其他初始值。

用换路定律只能求出 $u_C(0_+)$ 和 $i_L(0_+)$,而电路中其他各量的初始值都要由 $t=0_+$ 时刻的等效电路来确定。在绘制 $t=0_+$ 时刻的等效电路时,需要对原电路中的储能元件做特别处理:若电容元件或电感元件在换路前无初始储能,即 $u_C(0_-)=0$ 或 $i_L(0_-)=0$,则由换路定律有 $u_C(0_+)=0$ 或 $i_L(0_+)=0$,因此在绘等效电路时应将电容视为短路、电感视为开路,如图 6-2 所示。

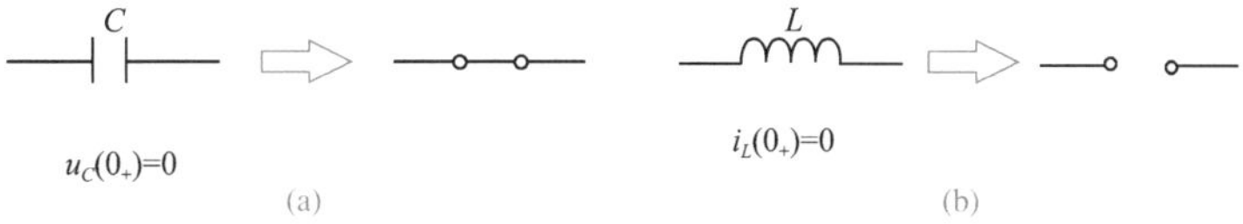

图 6-2 无初始储能时 C 与 L 的等效

若电容元件或电感元件在换路前的初始储能不为零,即 $u_C(0_+) \neq 0$,$i_L(0_+) \neq 0$,则绘等效电路时需用一个端电压等于 $u_C(0_+)$ 的电压源替代电容元件,用一个电流等于 $i_L(0_+)$ 的电流源来替代电感元件,如图 6-3 所示。

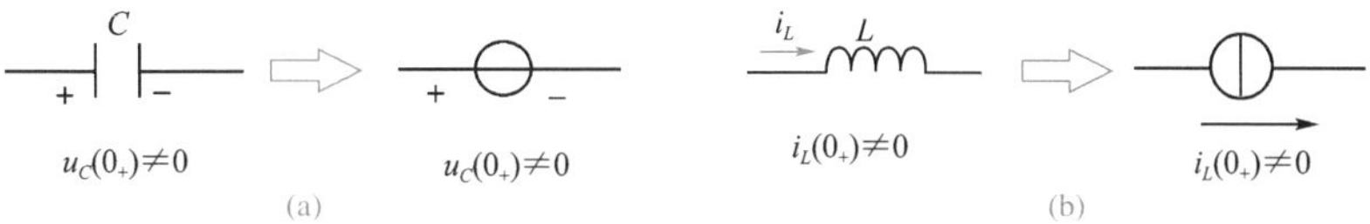

图 6-3 有初始储能时 C 与 L 的等效

例 6-1

在图 6-4 所示电路中,已知 $U_S = 10$ V,$R_1 = 4$ Ω,$R_2 = 6$ Ω,$C = 1$ μF,开关 K 在 $t = 0$ 时刻闭合。求 K 闭合后瞬间电路中各电压和电流的初始值。

解 首先标定电路中各被求电压和电流的参考方向,如图 6-4 所示。

根据题意有

$$u_C(0_-) = 0$$

由换路定律知

$$u_C(0_+) = u_C(0_-) = 0$$

因 R_1 并联在电容的两端,故

$$u_{R_2}(0_+) = u_C(0_+) = 0$$

$t = 0_+$ 时刻的等效电路如图 6-5 所示。由于电阻 R_2 被短路,故电路中电流

$$i_2(0_+) = 0$$

并且

$$i_1(0_+) = i_C(0_+) = \frac{U_S}{R_1} = \frac{10 \text{ V}}{4 \text{ Ω}} = 2.5 \text{ A}$$

$$u_{R_1}(0_+) = R_1 i_1(0_+) = 4 \text{ Ω} \times 2.5 \text{ A} = 10 \text{ V}$$

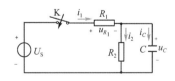

图 6-4 例 6-1 电路

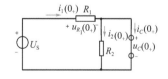

图 6-5 $t = 0_+$ 时刻等效电路

在换路瞬间,虽然电容两端的电压不能突变,但流过它的电流却可以突变,电阻上的电压和电流也可以突变。

例6-2

在如图 6-6 所示的电路中,已知 $U_S=1.8$ V,$R_1=4$ Ω,$R_2=6$ Ω,$L=5$ mH。开关 K 在 $t=0$ 时刻闭合,K 闭合前电路已处于稳态。求 K 闭合后瞬间的电感电流,并计算电感元件两端电压的初始值。

解 如图 6-6 所示,先标出电路中各被求初始值的参考方向。

因为电路在 K 闭合前已稳定,故

$$i_L(0_-)=\frac{U_S}{R_1+R_2}=\frac{1.8\ \text{V}}{4\ \Omega+6\ \Omega}=0.18\ \text{A}$$

根据换路定律有

$$i_L(0_+)=i_L(0_-)=0.18\ \text{A}$$

绘出 $t=0_+$ 时刻的等效电路,如图 6-7 所示,则在 $t=0_+$ 时刻,电压为

$$u_{R_2}(0_+)=R_2 i_L(0_+)=6\ \Omega\times0.18\ \text{A}=1.08\ \text{V}$$

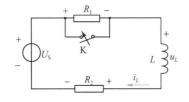

图 6-6　例 6-2 电路

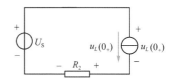

图 6-7　$t=0_+$ 时刻等效电路

由 KVL 得

$$u_L(0_+)=U_S-u_{R_2}(0_+)=1.8\ \text{V}-1.08\ \text{V}=0.72\ \text{V}$$

因此,换路瞬间,电感上的电流虽然不能突变,但加在它两端的电压却可以突变。

练一练

如图 6-4 所示电路中,开关闭合达到稳定状态后,电容电压 u_C 和电流 i_C 各为多少?

6.2　一阶电路的零状态响应

一般,激励包括电源或信号源这样的外加激励以及由储能元件上的初始储能提供的内部激励。如果电路在发生换路时,储能元件上没有初始储能,即 $u_C(0_+)=u_C(0_-)=0$ 或 $i_L(0_+)=i_L(0_-)=0$,这种状态称为零初始状态。一个零初始状态的电路在换路后只受电源(激励)的作用而产生的电流或电压(响应)称为零状态响应(本节如无特别说明,均研究直流电源作用下的响应)。如图 6-8 所示的 RC 充电电路是一个典型的零状态响应电路。

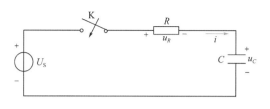

图 6-8　*RC* 充电电路

6.2.1　*RC* 串联电路的零状态响应

如图 6-8 所示,电容上原来不带电,即 $u_C(0_-)=0$。在 $t=0$ 时刻闭合开关 K,根据换路定律,有

$$u_C(0_+)=u_C(0_-)=0$$

由 KVL 可列出电路方程为

$$u_R+u_C=U_S$$

其中

$$u_R=Ri, i=C\frac{\mathrm{d}u_C}{\mathrm{d}t}$$

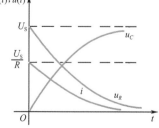

哲思课堂 11

所以

$$RC\frac{\mathrm{d}u_C}{\mathrm{d}t}+u_C=U_S$$

求解该微分方程,并将初始条件 $u_C(0_+)=0$ 代入,即可得到

$$u_C=U_S(1-\mathrm{e}^{-\frac{t}{RC}})=U_S-U_S\mathrm{e}^{-\frac{t}{RC}} \tag{6-3}$$

这就是换路后电容两端电压 u_C 的变化规律,它是一个指数方程。在式(6-3)中,u_C 由两部分组成:U_S 是电容充电完毕的电压值,即电容电压的稳态值,常称为"稳态分量";$U_S\mathrm{e}^{-\frac{t}{RC}}$ 随时间按指数规律衰减,常称为"暂态分量"。因此,整个暂态过程是由稳态分量和暂态分量叠加而成。

下面分析电阻电压 u_R 和电流 i 的变化情况。

$$u_R=U_S-u_C=U_S\mathrm{e}^{-\frac{t}{RC}} \tag{6-4}$$

$$i=\frac{u_R}{R}=\frac{U_S}{R}\mathrm{e}^{-\frac{t}{RC}} \tag{6-5}$$

可见,换路后 u_R 和 i 分别以 U_S 和 U_S/R 为起点随时间按指数规律衰减。由于 *RC* 充电电路在达到稳态时,电路中稳态电流为零,因而电阻上稳态电压也为零。所以在式(6-4)和式(6-5)中,只存在它们随时间衰减的暂态分量而无稳态分量。

如图 6-9 所示为换路后 u_C、u_R 和 i 随时间变化的曲线。

在式(6-3)、式(6-4)、式(6-5)中出现了公共的因子 RC。通常定义 $\tau=RC$ 为电路的时间常数。*RC* 电路充电过程的快慢取决于 τ。τ 越大,充电过程越长,它是表示电路暂态过程中电压与电流变化快慢的一个物理量,只与电路元件的参数有关,而与其他数值无关。当 R 的单位取欧姆(Ω),C 的单位取法拉(F)时,τ 的单位为秒(s)。当 $t=\tau=RC$ 时,

图 6-9　充电电路电流和电压波形

有 $u_C = U_s(1-e^{-1}) = 0.632U_s = 63.2\%U_s$。时间常数 τ 为电容电压变化到稳态值的 63.2% 时所需的时间。为进一步理解时间常数的意义,现将对应于不同时刻的电容电压 u_C 的数值列于表 6-1 中。

表 6-1　　　　　　　　　　　　　不同时刻下的电容电压

t	0	τ	2τ	3τ	4τ	5τ	$\cdots$	∞
$e^{-\frac{t}{\tau}}$	1	0.368	0.135	0.050	0.018	0.007	$\cdots$	0
u_C	0	$0.632U_s$	$0.865U_s$	$0.95U_s$	$0.982U_s$	$0.993U_s$	$\cdots$	U_s

从表 6-1 知道,经过 3τ 时间以后电容电压 u_C 已变化到稳态值 U_s 的 95% 以上。因此在工程实际中,通常认为 $t=(3\sim5)\tau$ 时,过渡过程就已基本结束。

例6-3 ●　●　●　●　●　●　●　●　●　●　●　●　●　●　●　●　●　●　●

电路如图 6-8 所示,已知 $R=2$ kΩ,$C=50$ μF,$U_s=20$ V,电容器原来不带电。求:

(1)电路的时间常数 τ。

(2)K 闭合后的表达式及电路中最大充电电流 I_0。

(3)电路在经过 τ 和 5τ 后电流 i 的值。

解　(1)$\tau=RC=2\times10^3$ $\Omega\times50\times10^{-6}$ F$=100\times10^{-3}$ s$=0.1$ s

(2)因电容原来不带电,利用式(6-5)有

$$i=\frac{U_s}{R}e^{-\frac{t}{\tau}}=\frac{20 \text{ V}}{2 \text{ }\Omega}e^{-\frac{t}{0.1}}=10e^{-10t} \text{ mA}$$

当 $t=0$ 时,电路中充电电流达到最大,即

$$I_0=10 \text{ mA}$$

(3)当 $t=\tau$ 时,$i=10e^{-1}=3.68$ mA。

当 $t=5\tau$ 时,$i=10e^{-5}=0.067$ mA。

由此可见,RC 充电电路在经历了 5τ 后,充电电流 i 已近似为零。

6.2.2　RL 串联电路的零状态响应

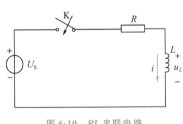

图 6-10　RL 串联电路

如图 6-10 所示电路,电感中无初始电流,在 $t=0$ 时闭合开关 K。下面分析 K 闭合后电路中电流 i 和电压 u_L、u_R 的变化规律。

K 闭合瞬间,由换路定律得

$$i(0_+)=i(0_-)=0$$

由 KVL 可列出电路方程为

$$u_R+u_L=U_s$$

其中

$$u_L=L\frac{di}{dt},u_R=Ri$$

于是 $$Ri + L\frac{\mathrm{d}i}{\mathrm{d}t} = U_\mathrm{s}$$

求解该方程,并将 $i(0_+) = 0$ 代入,有

$$i = \frac{U_\mathrm{s}}{R}(1 - \mathrm{e}^{-\frac{R}{L}t}) = \frac{U_\mathrm{s}}{R} - \frac{U_\mathrm{s}}{R}\mathrm{e}^{-\frac{R}{L}t} \tag{6-6}$$

这就是换路后电路电流的变化规律。于是电感电压 u_L 和电阻电压 u_R 可表示为

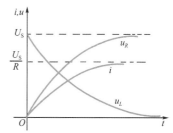

$$u_L = L\frac{\mathrm{d}i}{\mathrm{d}t} = U_\mathrm{s}\mathrm{e}^{-\frac{R}{L}t} \tag{6-7}$$

$$u_R = Ri = U_\mathrm{s}(1 - \mathrm{e}^{-\frac{R}{L}t}) = U_\mathrm{s} - U_\mathrm{s}\mathrm{e}^{-\frac{R}{L}t} \tag{6-8}$$

定义式中 $\frac{L}{R}$ 为 RL 电路的时间常数,用 τ 表示,其意义同前。如图 6-11 所示为换路时 i、u_L 和 u_R 随时间变化的曲线。

图 6-11　RL 串联电路零状态响应曲线

> **练一练**
>
> 　　实际中,常用万用表 $R \times 1\,000\,\Omega$ 挡检测电容较大的电容器的质量。检测前,先将被测电容器短路使它放电完毕。测量时,若指针挥动后,再返回万用表无穷大 (∞) 刻度处,说明电容器是好的;若指针挥动后,返回时速度较慢,说明被测电容器容量较大。试用 RC 电路充放电的原理解释上述现象。

6.3　一阶电路的零输入响应

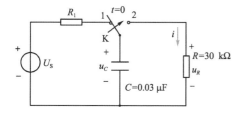

图 6-12　放电电路

如果一阶动态电路在换路时具有一定的初始储能,这时电路中即使没有外加电源的存在,仅凭电容或电感储存的能量,仍能产生一定的电压和电流,这种外加激励称为零,仅由动态元件的初始储能引起的电流或电压响应称为零输入响应。

如图 6-12 所示,放电电路产生的电流和电压响应即典型的零输入响应。

6.3.1　RC 串联电路的零输入响应

　　放电电路如图 6-12 所示。先将开关 K 扳向"1",电源对电容 C 充电,使 u_C 达到 U_s。在 $t=0$ 时,将 K 扳至"2",使电容放电,由换路定律可知

$$u_C(0_+) = u_C(0_-) = U_\mathrm{s}$$

由 KVL 可列出电路方程为

$$u_C - Ri = 0$$

因为
$$i = -C\frac{\mathrm{d}u_C}{\mathrm{d}t}(u_C \text{ 与 } i \text{ 为非关联方向，前面需加负号})$$

所以
$$u_C + RC\frac{\mathrm{d}u_C}{\mathrm{d}t} = 0$$

求解方程，并将 $u_C(0_+) = U_s$ 代入，得

$$u_C = U_s\mathrm{e}^{-\frac{t}{RC}} = U_s\mathrm{e}^{-\frac{t}{\tau}} \tag{6-9}$$

于是有

$$i = -C\frac{\mathrm{d}u_C}{\mathrm{d}t} = \frac{U_s}{R}\mathrm{e}^{-\frac{t}{RC}} = \frac{U_s}{R}\mathrm{e}^{-\frac{t}{\tau}} \tag{6-10}$$

$$u_R = u_C = U_s\mathrm{e}^{-\frac{t}{\tau}} \tag{6-11}$$

由此可见，在 RC 放电电路中，电压 u_C、u_R 和电流 i 均由各自的初始值随时间按指数规律衰减，如图 6-13 所示。其衰减的快慢由时间常数 τ 决定。

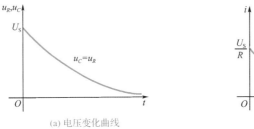

(a) 电压变化曲线　　　　　　　　　(b) 电流变化曲线

图 6-13　放电曲线

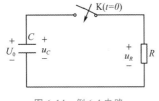
例6-4

在如图 6-14 所示的 RC 串联电路中，已知 $R = 10$ kΩ，$C = 3$ μF，且开关 K 未闭合前，电容已充过电，电压为 10 V。求开关闭合后 90 ms 及 150 ms 时，电容上的电压。

解　首先标出电压的参考方向，如图 6-14 所示。

由已知条件得

$$\tau = RC = 10 \times 10^3 \ \Omega \times 3 \times 10^{-6} \ \mathrm{F} = 3 \times 10^{-2} \ \mathrm{s} = 30 \ \mathrm{ms}$$

由式(6-9)知，当 $t = 90$ ms 时

$$u_C = 10 \times \mathrm{e}^{-\frac{90}{30}} = 10\mathrm{e}^{-3} \ \mathrm{V} = 0.5 \ \mathrm{V}$$

图 6-14　例 6-4 电路

当 $t = 150$ ms 时

$$u_C' = 10 \times \mathrm{e}^{-\frac{150}{30}} = 10\mathrm{e}^{-5} \ \mathrm{V} = 0.067 \ \mathrm{V}$$

在有些电子设备中，RC 串联电路的时间常数 τ 仅为几分之一微秒，放电过程只有几个微秒；而在电力系统中，有的高压电容器放电时间长达几十分钟。

6.3.2 *RL* 串联电路的零输入响应

1. 暂态分析

如图 6-15(a)所示电路,开关 K 原来在断开位置,K_1 在闭合位置,电路已处于稳态,$i(0_-)=I_0$。在 $t=0$ 时将开关 K 闭合,开关 K_1 断开,由换路定律知 $i(0_+)=i(0_-)=I_0$。

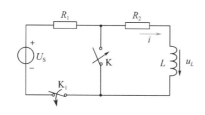 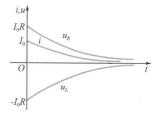

| (a)*RL*串联电路的零输入响应 | (b) 电压、电流的变化曲线 |

图 6-15 电路的过渡过程

RL 串联电路中各电流、电压的变化规律为

$$\begin{cases} i=I_0 e^{-\frac{R}{L}t}=I_0 e^{-\frac{t}{\tau}} \\ u_R=Ri=RI_0 e^{-\frac{R}{L}t}=RI_0 e^{-\frac{t}{\tau}} \\ u_L=-u_R=-RI_0 e^{-\frac{R}{L}t}=-RI_0 e^{-\frac{t}{\tau}} \end{cases} \tag{6-12}$$

电路中电压 u_R、u_L 和电流 i 的变化曲线如图 6-15(b)所示。

2. *RL* 串联电路的断开

如图 6-16 所示电路,K 断开前电路已处于稳态,此时电感电流 $i_L(0_-)=\dfrac{U_S}{R}$。$t=0$ 时,突然断开开关 K,由换路定律可知,电感电流的初始值

$$i_L(0_+)=i_L(0_-)=\frac{U_S}{R}$$

因电路已断开,所以电感电流 i_L 将在短时间内由初始值 $\dfrac{U_S}{R}$ 迅速变化到零,其电流变化率 $\dfrac{\mathrm{d}i}{\mathrm{d}t}$ 很大,将在电感线圈两端产生很大的自感电动势 ε_L,常为电感电压 u_L 的几倍。这个大电压加在电路中,将会在开关触点处产生弧光放电,使电感线圈间的绝缘介质击穿并损坏开关触点。为了防止换路时电感线圈出现大电压,常在其两端并联一个二极管,如图 6-17 所示。在开关闭合时,二极管不导通,原电路仍正常工作;在开关断开时,二极管为自感电动势 ε_L 提供了放电回路,使电感电流按指数规律衰减到零,避免了高压的产生。这种二极管称为续流二极管。继电器的线圈两端就常并联续流二极管,以保护继电器。

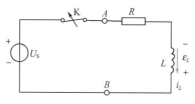 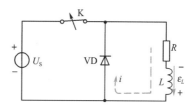

图 6-16 *RL* 串联电路的断开   图 6-17 续流二极管的应用

例6-5

如图 6-16 所示的电路,原已处于稳态。若 $U_s=100$ V,$R=20$ Ω,在 A、B 端接有一个内阻 $R_V=10^4$ Ω、量程为 200 V 的电压表。求开关断开后,电压表端电压的初始值 $U_V(0_+)$。

解　$t=0_-$ 时,开关尚未断开,电路已稳定,故

$$i_L(0_-)=\frac{U_s}{R}=\frac{100\ \text{V}}{20\ \Omega}=5\ \text{A}$$

$t=0_+$ 时

$$i_L(0_+)=i_L(0_-)=5\ \text{A}$$

此时,R、L 与电压表串联构成回路,回路中电流为 $i_L(0_+)=5$ A,于是电压表端电压为

$$U_V(0_+)=R_V i_L(0_+)=10^4\ \Omega\times5\ \text{A}=50\ \text{kV}$$

可见,刚断开开关时,电压表上电压远远超过仪表量程,电压表将被烧坏。

练一练

在刚断电的情况下修理含有大电容的电器设备时,往往容易带来危险,试解释原因。

6.4　一阶电路的全响应

当电路中既有外加激励的作用,又存在非零的初始值时所引起的响应称为全响应。下面以 RC 串联电路为例说明。

如图 6-18(a)所示电路中,电容的初始电压为 U_0,在 $t=0$ 时闭合开关 K,接通直流电源 U_s。这是一个线性动态电路,可应用叠加原理将其全响应分解为如图 6-18(b)所示的零状态响应和如图 6-18(c)所示的零输入响应的形式。即

$$全响应＝零状态响应＋零输入响应$$

该结论对任意线性动态电路均适用。

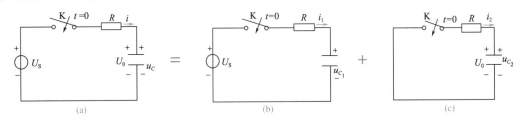

图 6-18　一阶电路的全响应

根据叠加原理，电容两端电压 u_C 的全响应可表示为

$$u_C = u_{C_1} + u_{C_2}$$

其中 u_{C_1} 由式(6-3)确定，u_{C_2} 由式(6-9)确定，有

$$u_{C_1} = U_s(1 - e^{-\frac{t}{RC}})$$

$$u_{C_2} = U_0 e^{-\frac{t}{RC}}$$

于是

$$u_C = u_{C_1} + u_{C_2} = U_s(1 - e^{-\frac{t}{RC}}) + U_0 e^{-\frac{t}{RC}} \tag{6-13}$$

同理，电流的全响应表达式为

$$i = \frac{U_s}{R} e^{-\frac{t}{RC}} - \frac{U_0}{R} e^{-\frac{t}{RC}} \tag{6-14}$$

式(6-13)和式(6-14)也可以写成另一种形式为

$$u_C = U_s + (U_0 - U_s) e^{-\frac{t}{RC}} \tag{6-15}$$

和

$$i = \frac{U_s - U_0}{R} e^{-\frac{t}{RC}} \tag{6-16}$$

因此，电路的全响应又可用稳态分量与暂态分量之和来表示。在 u_C 的表达式中稳态分量为 U_s，暂态分量为 $(U_0 - U_s) e^{-\frac{t}{RC}}$。由于电路稳定时电容相当于开路，电流 i 最终的稳态值为零，所以式(6-16)只有暂态分量而无稳态分量。

总之，电路的全响应既可用零输入响应和零状态响应之和来表示，也可用稳态响应和暂态响应之和来表示。前一种方法中两个分量分别与输入和初始值有明显的因果关系，便于分析计算；后一种方法则能较明显地反映电路的工作状态，便于描述电路过渡过程的特点。

在式(6-15)和式(6-16)中出现了 $(U_0 - U_s)$ 和 $(U_s - U_0)$ 这样的系数。现根据 U_s 和 U_0 之间的关系，将电路分成三种情况讨论：

(1)当 $U_s > U_0$ 时，$i > 0$，整个过程中电容一直处于充电状态，电容电压 u_C 从 U_0 按指数规律变化到 U_s。

(2)当 $U_s < U_0$ 时，$i < 0$，这说明图 6-18 中标明的电流的参考方向与其实际方向相反，电容处于放电状态，电容电压从 U_0 减小至 U_s，最终稳定下来。

(3)当 $U_s = U_0$ 时，在 $t \geqslant 0$ 的整个过程中，$i = 0$，$u_C = U_s$。这说明电路换路后，并不发生过渡过程，而直接进入稳态。其原因在于换路前后电容中电场能量并没有发生变化。

如图 6-19 所示为三种情况下 u_C 的变化曲线。

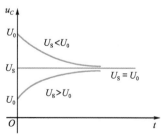

图 6-19 三种情况下 u_C 的变化曲线

例6-6

如图 6-18(a)所示,已知 $U_S = 20$ V,$R = 2$ kΩ,$C = 2$ μF,电容器有初始储能 $U_0 = 10$ V。

(1)$t = 0$ 时刻 K 闭合后,试写出电容电压 u_C 的表达式。

(2)K 闭合 10 ms 以后,电容电压 u_C 等于多少?

解 根据已知条件得

$$U_0 = 10 \text{ V}$$

$$\tau = RC = 2 \times 10^3 \text{ Ω} \times 2 \times 10^{-6} \text{ F} = 4 \times 10^{-3} \text{ s} = 4 \text{ ms}$$

将以上值代入式(6-15)得

$$u_C(t) = 20 \text{ V} + (10 \text{ V} - 20 \text{ V}) \times e^{-\frac{t}{4 \times 10^{-3}}} = 20 - 10e^{-250t} \text{ V}$$

K 闭合 10 ms 后,电容电压为

$$u_C = 20 - 10e^{-250 \times 10 \times 10^{-3}} \text{ V} = 20 - 10 \times e^{-2.5} \text{ V} = 19.18 \text{ V}$$

以上介绍了一阶 RC 串联电路全响应的分析方法。对于一阶 RL 串联电路,其分析方法完全相同,在此不再重复,读者可以自行讨论。

练一练

如果电路中存在储能元件,但其储存的能量不变化,这时对电路进行换路,发生过渡过程吗?

6.5 一阶电路的三要素法

电路的全响应可以表示为稳态分量与暂态分量之和的形式,观察式(6-15),即

$$u_C = U_S + (U_0 - U_S)e^{-\frac{t}{RC}} = U_S + (U_0 - U_S)e^{-\frac{t}{\tau}}$$

式中,只要将稳态值 U_S、初始值 U_0 和时间常数 τ 确定下来,u_C 的全响应也就随之确定。如果列出 u_R、i 和 u_L 等的表达式,同样可以发现这个规律。可见,初始值、稳态值和时间常数,是分析一阶电路的三个要素。根据这三个要素确定一阶电路全响应的方法,称为三要素法。

如果用 $f(0_+)$ 表示电路中某电压或电流的初始值,用 $f(\infty)$ 表示它的稳态值,用 τ 表示电路的时间常数,那么,一阶电路的全响应可表示为

$$f(t) = f(\infty) + [f(0_+) - f(\infty)] e^{-\frac{t}{\tau}} \tag{6-17}$$

这是一阶电路三要素法的公式。其中 $f(0_+)$ 的计算方法前面已经做了介绍,这里不再重复。$f(\infty)$ 是电路在换路后达到的新稳态值。当电路在直流电源作用下,达到稳态时,可以把电路中的电感视作短路,电容视作开路,根据 KVL 和 KCL 列出方程求得相应的 $f(\infty)$。反映过渡过程持续时间长短的时间常数 τ 则由电路本身的参数决定,与激励无关。

在 RC 电路中,$\tau = RC$,而在 RL 电路中,$\tau = L/R$。需要注意,此处的 R 不是一个单一的电阻,而是电路中除去储能元件后得到的线性有源二端网络的等效电阻,可以根据戴维南定

理求得。

注意：

(1)三要素法只适用于一阶电路。

(2)利用三要素法可以求解电路中任意一处的电压和电流，如 u_R、u_C、u_L 和 i 等。

(3)三要素法不仅能计算全响应，也可以计算电路的零输入响应和零状态响应。

例6-7

电路如图 6-20 所示，$U_S=12$ V，$R_1=3$ kΩ，$R_2=6$ kΩ，$C=2$ μF，电路处于稳定状态。求 $t=0$ 时刻，K 闭合后电路中电容电压 u_C 和电流 i_2 的表达式。

解 （1）先求初始值 $u_C(0_+)$ 和 $i_2(0_+)$。绘出 $t=0_+$ 时刻等效电路如图 6-21(a) 所示，由换路定律有

$$u_C(0_+)=u_C(0_-)=12 \text{ V}$$

$$i_2(0_+)=\frac{u_C(0_+)}{R_2}=\frac{12 \text{ V}}{6\times 10^3 \text{ }\Omega}=2 \text{ mA}$$

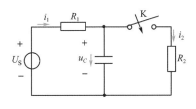

图 6-20 例 6-7 电路

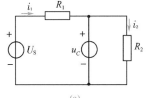

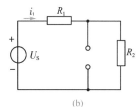

(a) (b)

图 6-21 例 6-7 电路等效电路

（2）再求稳态值 $u_C(\infty)$ 和 $i_2(\infty)$。电路达到稳态后，电容支路相当于开路，因此，等效电路如图 6-21(b) 所示，电路中只有 R_1 与 R_2 串联后接于 U_S 两端。由分压公式

$$u_{R_2}(\infty)=U_S\times\frac{R_2}{R_1+R_2}=12 \text{ V}\times\frac{6 \text{ }\Omega}{3 \text{ }\Omega+6 \text{ }\Omega}=8 \text{ V}$$

故

$$i_2(\infty)=\frac{u_{R_2}(\infty)}{R_2}=\frac{8 \text{ V}}{6\times 10^3 \text{ }\Omega}=\frac{4}{3} \text{ mA}$$

电容与 R_2 并联，因此

$$u_C(\infty)=u_{R_2}(\infty)=8 \text{ V}$$

（3）求时间常数 τ。对如图 6-20 所示的电路，将电压源短路，电容断开，求得对应二端网络的等效电阻

$$R_0=\frac{R_1R_2}{R_1+R_2}$$

$$\tau=R_0C=\frac{R_1R_2}{R_1+R_2}C=\frac{(3\times 10^3 \text{ }\Omega)\times(6\times 10^3 \text{ }\Omega)}{(3\times 10^3 \text{ }\Omega)+(6\times 10^3 \text{ }\Omega)}\times(2\times 10^{-6} \text{ F})=4\times 10^{-3} \text{ s}$$

（4）列 u_C 和 i_2 的表达式为

$$u_C(t)=u_C(\infty)+[u_C(0_+)-u_C(\infty)]\text{ e}^{-\frac{t}{\tau}}=8 \text{ V}+(12 \text{ V}-8 \text{ V})\times\text{e}^{-\frac{t}{4\times 10^{-3}}}=8+4\text{e}^{-250t} \text{ V}$$

$$i_2(t)=i_2(\infty)+[i_2(0_+)-i_2(\infty)]\text{ e}^{-\frac{t}{\tau}}=\frac{4}{3} \text{ A}+(2 \text{ A}-\frac{4}{3} \text{ A})\times\text{e}^{-\frac{t}{4\times 10^{-3}}}=\frac{4}{3}+\frac{2}{3}\text{e}^{-250t} \text{ mA}$$

例6-8

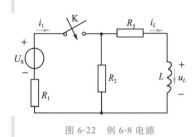

图 6-22 例 6-8 电路

电路如图 6-22 所示，已知，$U_s = 10$ V，$R_1 = 3$ kΩ，$R_2 = R_3 = 4$ kΩ，$L = 200$ mH，开关 K 断开前电路已处于稳态，求 $t = 0$ 时，K 断开后电感电流 i_L 的表达式。

解 （1）先求初始值 $i_L(0_+)$。换路前电路已达到稳态，因此电感线圈 L 相当于短路，由分流公式有

$$i_L(0_-) = i_1(0_-) \times \frac{R_2}{R_2 + R_3} = \frac{U_s}{R_1 + R_2 /\!/ R_3} \times \frac{R_2}{R_2 + R_3}$$

$$= \frac{U_s}{R_1 + \dfrac{R_2 R_3}{R_2 + R_3}} \times \frac{R_2}{R_2 + R_3} = 1 \text{ mA}$$

由换路定律有

$$i_L(0_+) = i_L(0_-) = 1 \text{ mA}$$

（2）再求稳态值。换路后，R_1、R_2 与 L 构成串联回路，电感释放其初始储能，显然，电路达到稳态时有

$$i_L(\infty) = 0$$

（3）最后求时间常数 τ，即

$$\tau = \frac{L}{R_2 + R_3} = \frac{200 \times 10^{-3} \text{ H}}{(4 \times 10^3 \ \Omega) + (4 \times 10^3 \ \Omega)} = 2.5 \times 10^{-5} \text{ s}$$

（4）i_L 的表达式为

$$i_L(t) = i_L(\infty) + [i_L(0_+) - i_L(\infty)] \ e^{-\frac{t}{\tau}}$$

$$= 0 \text{ mA} + (1 \text{ mA} - 0 \text{ mA}) \times e^{-\frac{t}{2.5 \times 10^{-5}}} = e^{-4 \times 10^4 t} \text{ mA}$$

练一练

当电路中的电容不变，而并联电阻的数目增多时，时间常数如何变化？

6.6　微分电路和积分电路

RC 电路的充电规律在电子技术、自动控制系统和计算机技术等领域应用十分广泛。如在电子技术中，常用 RC 串联电路组成微分电路和积分电路，以实现脉冲波形的变换。本节以矩形脉冲作用下的 RC 串联电路为例，简单介绍微分电路和积分电路的作用。

6.6.1　微分电路

如图 6-23 所示的电路，将双踪示波器的一组探头接在电阻 R 两端，另一组探头接在输

入端 A、B，然后打开信号源，将调整好的方波信号 u_i（幅值 3 V，频率 200 Hz）加在输入端。观察输入和输出波形变化情况。如图 6-24 所示为测量结果，其中上面是输入方波，下面是输出尖脉冲。

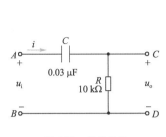

图 6-23　微分电路

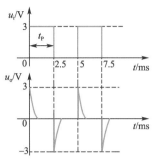

图 6-24　微分波形

该电路 $\tau = RC = 0.3$ ms，方波宽度 $t_P = 2.5$ ms，即 $\tau \ll t_P$。当方波脉冲刚刚作用在输入端的一瞬间，即 $t = 0$ 时，由于电容电压 u_C 不能突变，故电阻 R 上的电压瞬间升至最大值 3 V，随后电容开始充电。由于 τ 很小，充电过程很快就可完成，电容上电压迅速达到电源电压 3 V。与此同时，电阻上电压从 3 V 迅速衰减到零，在示波器上表现为一个正的尖脉冲。在 $t = 2.5$ s 时刻，电容上电压不突变，$u_C = 3$ V，输入脉冲 $u_i = 0$，输入端相当于被短路，此时输出电压 $u_o = -u_C = -3$ V。随后电容通过电阻 R 迅速放电，电阻上电压按指数规律迅速变化到零，形成一个负的尖脉冲。在输入方波周期性的作用下，即可得到如图 6-24 所示的周期性正、负尖脉冲。

分析输入信号与输出信号之间的关系，选定电路中各电流和电压的参考方向如图 6-23 所示。由 KVL 和电容元件的伏安特性得

$$u_i = u_C + u_o$$

$$u_o = u_R = Ri = RC\frac{\mathrm{d}u_C}{\mathrm{d}t}$$

由于 $\tau \ll t_P$，电容的充、放电进行得很快，电容两端电压 u_C 近似等于输入电压，即 $u_i = u_C$，于是有

$$u_o = RC\frac{\mathrm{d}u_i}{\mathrm{d}t} \tag{6-18}$$

式(6-18)表明，该电路的输出信号与输入信号的微分成正比。这种从电阻端输出，且满足 $\tau \ll t_P$ 的 RC 串联电路称为微分电路。在脉冲电路中，常用它产生的尖脉冲作为触发信号。

6.6.2　积分电路

按图 6-25 所示连接电路，将双踪示波器的两组探头分别接在 A、B 和 C、D 两端，打开信号源，将调整好的方波信号 u_i（幅值 3 V，频率 200 Hz）加在输入端，观察输入和输出信号的波形，得到如图 6-26 所示的曲线。其中如图 6-26(a)所示为输入曲线，如图 6-26(b)所示为输出曲线。

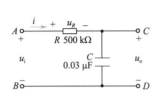

图 6-25　积分电路

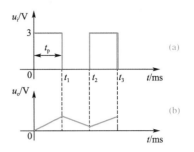

图 6-26　积分波形

在图 6-25 中，该电路的时间常数 $\tau=RC=15$ ms，而方波宽度 $t_P=2.5$ ms，即 $\tau\gg t_P$；当输入信号开始作用后，电容两端电压 u_C 从零缓慢增大。u_C 还未达到稳态值，脉冲电压即消失。电容又进入放电过程，由于时间常数 τ 很大，放电进行得同样缓慢。放电过程还未结束，新的脉冲再次来临。这样周而复始，形成了如图 6-26(b)的锯齿波形。

根据 KVL 和电容元件的伏安特性得输入信号 u_i 和输出信号 u_o 的关系为

$$u_i=u_R+u_o$$

$$u_o=u_C=\frac{1}{C}\int\frac{u_R}{R}\mathrm{d}t$$

由于 $\tau\gg t_P$，电容的充、放电进行得很慢，输入电压 u_i 几乎全部加在电阻 R 上，因此 $u_R\approx u_i$，于是

$$u_o=u_C=\frac{1}{RC}\int u_i\mathrm{d}t \tag{6-19}$$

即输出信号 u_o 与输入信号 u_i 的积分成正比。这种从电容端输出，且满足 $\tau\gg t_P$ 的 RC 串联电路称为积分电路。在脉冲电路中，常用它产生三角波，作为电视的接收场扫描信号。

练一练

在如图 6-23 所示微分电路中，如果输入信号不变，将电阻 R 改为 500 kΩ，输出波形如何变化？

项目实施

【实施器材】

计算机、Multisim 软件。

【实施步骤】

(1)学习项目要求的相关知识。

(2)根据要求仿真一阶 RC 电路的充放电过程，记录时间常数。

(3)仿真研究一阶 RC 电路零输入响应随时间变化的过程曲线。

(4)仿真研究一阶 RC 电路零状态响应随时间变化的过程曲线。

(5)仿真研究一阶 RC 电路全响应随时间变化的过程曲线，根据三要素法求出该一阶电路全响应。

(6)仿真研究形成 RC 积分电路及 RC 微分电路的条件。

【实训报告】

实训报告内容包括实施目标、实施器材、实施步骤、测量数据和波形以及总结体会。

知识归纳

（1）电路从一种稳定状态过渡到另一种稳定状态的中间过程，称为过渡过程，也称为暂态过程。换路是电路产生过渡过程的外部因素，而电路中含有储能元件才是过渡过程产生的内部因素。

（2）把引起过渡过程的电路变化称为换路。换路后一瞬间电容元件两端的电压应等于换路前一瞬间电容元件两端的电压，而换路后一瞬间电感元件上的电流应等于换路前一瞬间电感元件上的电流。这个规律就称为换路定律。

$$u_C(0_+) = u_C(0_-)$$
$$i_L(0_+) = i_L(0_-)$$

（3）只含有一种储能元件的电路称为阶动态电路。这是因为求解这些电路的变量在换路以后的变化规律的方程为一阶微分方程。

（4）一阶动态电路：

①零状态响应：

RC 串联充电电路　　　　　$u_C = U_S(1 - e^{-\frac{t}{RC}}) = U_S - U_S e^{-\frac{t}{\tau}}$

RL 串联电路接通直流电源　　　$i_L = \frac{U_S}{R}(1 - e^{-\frac{R}{L}t}) = \frac{U_S}{R} - \frac{U_S}{R} e^{-\frac{t}{\tau}}$

②零输入响应：

RC 串联放电电路　　　　　$u_C = U_S e^{-\frac{t}{RC}} = U_S e^{-\frac{t}{\tau}}$

RL 串联电路短接　　　　　$i = I_0 e^{-\frac{R}{L}t} = I_0 e^{-\frac{t}{\tau}}$

③全响应：

$$全响应 = 零状态响应 + 零输入响应$$
$$（全响应 = 稳态分量 + 暂态分量）$$

（5）一阶动态电路的三要素公式：

$$f(t) = f(\infty) + [f(0_+) - f(\infty)] e^{-\frac{t}{\tau}}$$

只要知道了待求变量的初始值 $f(0_+)$、稳态值 $f(\infty)$ 和时间常数 τ，便可根据上式直接写出待求变量的换路后的全响应 $f(t)$，不必列微分方程求解。

三要素法求解步骤如下：

①初始值 $f(0_+)$，利用换路定理和 $t=0$ 的等效电路求得。

②稳态值 $f(\infty)$，由换路后 $t=\infty$ 的等效电路求出。

③时间常数 τ，只与电路的结构和参数有关。RC 电路的 $\tau = RC$，RL 电路的 $\tau = \frac{L}{R}$，其中电阻 R 是换路后动态元件两端戴维南等效电路的内阻。

④根据公式写出待求的表达式。

（6）微分电路与积分电路：

微分电路　　　　　　　　　$u_o = RC \frac{du_i}{dt}$

积分电路	$u_{\mathrm{o}}=\dfrac{1}{RC}\displaystyle\int u_{\mathrm{i}}\mathrm{d}t$

巩固练习

6-1 开关 K 在 $t=0$ 时刻闭合,电路无初始储能,请分别计算如图 6-27(a)和 6-27(b) 所示电路的初始值:$u_R(0_+)$、$u_C(0_+)$、$i(0_+)$ 及 $u_L(0_+)$。

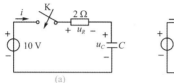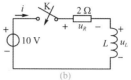

图 6-27　巩固练习 6-1 图

6-2 电路如图 6-28 所示,已知 $U_{\mathrm{S}}=100$ V,$R_2=100$ Ω,开关 K 原来合在位置 1,电路 处于稳态,在 $t=0$ 时刻 K 将合到位置 2,求电路中各初始值:$u_{R_1}(0_+)$、$u_{R_2}(0_+)$、$u_C(0_+)$ 及 $i_C(0_+)$。

6-3 电路如图 6-29 所示,已知 $U_{\mathrm{S}}=10$ V,$R_1=6$ Ω,$R_2=4$ Ω,$L=2$ mH,求 K 在 $t=0$ 时刻闭合后各初始值 $i_1(0_+)$、$i_2(0_+)$、$i_3(0_+)$ 及 $u_L(0_+)$。

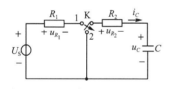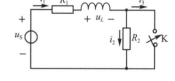

图 6-28　巩固练习 6-2 图　　　　　图 6-29　巩固练习 6-3 图

6-4 电路如图 6-27(a)所示,设电容 $C=50$ μF。

(1)试计算时间常数 τ。

(2)写出 u_C 及 i 的表达式。

(3)求出最大充电电流 I_0。

(4)求出开关闭合 0.5 ms 后,电容电压 u_C 的数值。

6-5 电路如图 6-27(b)所示,设 $L=4$ mH。求:

(1)时间常数 τ。

(2)u_L 及 i 的表达式。

(3)开关闭合 10 ms 后电流的数值。

6-6 如图 6-30 所示电路中,已知 $R=5$ Ω,$L=400$ mH,$U_{\mathrm{S}}=35$ V,伏特表量程为 50 V,$R_{\mathrm{V}}=5$ kΩ 内阻。开关 K 断开前,电路已处于稳态。在 $t=0$ 时,断开开关。求:

(1)K 断开时 L 与电压表串联回路的时间常数 τ。

(2)i 的初始值。

(3)i 和 u_V 的表达式。

(4)开关 K 断开瞬间伏特表两端电压。

6-7 如图 6-31 所示的电路中,已知 $C=4$ μF,$R_1=R_2=20$ kΩ,电容器原先电压为 100 V。 求在开关 K 闭合后 60 ms 时,电容上的电压 u_C 及放电电流 i 的大小。

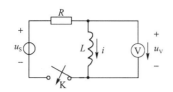

图 6-30　巩固练习 6-6 图

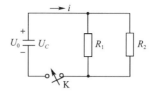

图 6-31　巩固练习 6-7 图

6-8　电路如图 6-32 所示,开关 K 在 $t=0$ 时闭合。求 u_C、i 和 u_2 的表达式。

6-9　电路如图 6-33 所示,已知 $U_S=20$ V,$R_1=2$ kΩ,$R_2=1$ kΩ,$R_3=2$ kΩ,$C=5$ μF,电路原已稳定,开关 K 在 $t=0$ 时刻闭合,用三要素法求出 u_C 和 i_1、i_3 的表达式。

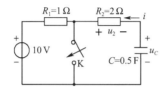

图 6-32　巩固练习 6-8 图

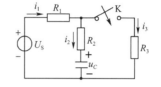

图 6-33　巩固练习 6-9 图

6-10　电路如图 6-34 所示,原已达到稳定状态,已知 $R_1=4$ Ω,$R_2=4$ Ω,$R_3=2$ Ω,$L=4$ H,$U_S=12$ V,开关 K 在 $t=0$ 时断开。用三要素法求:

(1)u_o 表达式。

(2)$t=2$ s 后,u_o 的值。

6-11　电路如图 6-35 所示,已知 $U_{S1}=10$ V,$U_{S2}=20$ V,$R_1=2$ kΩ,$R_2=2$ kΩ,$C=0.5$ μF,电路原已稳定,开关 K 在 $t=0$ 时闭合。试用三要素法求 K 闭合后电容电压 u_C 的表达式。

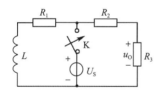

图 6-34　巩固练习 6-10 图

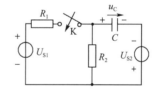

图 6-35　巩固练习 6-11 图

6-12　电路如图 6-36(a)所示,输入波形如图 6-36(b)所示,已知 $R=1$ Ω,$C=0.2$ μF。请说出电路的作用,并绘出输出电压 u_2 的波形。

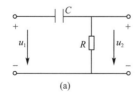

(a)

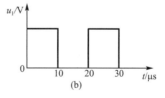

(b)

图 6-36　巩固练习 6-12 图

6-13　若在题 6-12 中,$C=200$ μF,电压 u_2 从电容两端输出,请说出电路性质,并绘出电压 u_2 的波形。

项目 7
非正弦周期电路的分析

项目要求

　　了解非正弦周期信号产生的原因和分解的方法；掌握非正弦量的有效值、平均值和平均功率的计算；掌握非正弦周期电流电路的分析方法；了解滤波器。

【知识要求】

（1）了解周期函数分解为傅里叶级数方法。

（2）熟悉有效值、平均值、平均功率的计算。

（3）掌握非正弦周期电流电路的分析方法。

（4）了解滤波器的概念。

【技能和素质要求】

（1）应用仿真软件将不同频率的正弦信号叠加成非正弦周期性信号。

（2）应用仿真软件测量非正弦周期电路的有效值、平均值、平均功率。

（3）应用仿真软件构建不同的滤波电路，分析滤波效果。

（4）形成保护环境、节约能源的意识。

项目目标

（1）应用仿真软件将不同频率的正弦信号叠加成非正弦周期性信号。

（2）应用仿真软件测量非正弦周期电路的有效值、平均值、平均功率。

（3）掌握非正弦周期电流电路的分析方法。

（4）应用仿真软件构建不同的低通滤波电路，研究滤波效果。

相关知识

7.1　非正弦周期信号及其分解

　　在工程实际中，经常会遇到电流、电压不按正弦规律变化的非正弦交流电路。例如：实验室常用的电子示波器中扫描电压是锯齿波；收音机或电视机所收到的信号电压或电流的波形是显著的非正弦形;在自动控制、电子计算机等领域内大量用到的电压和电流的波形也都是非正弦的。那么,这些非正弦信号是如何产生的？又有什么影响？该怎样进行分析？这就是本项目所要讨论的内容。

7.1.1 非正弦周期信号

如图 7-1 所示为 $u_1 = U_{1m}\sin(\omega t)$ 和 $u_2 = U_{2m}\sin(3\omega t)$ 相加后得到的电压 $u = u_1 + u_2$ 的波形,显然其是非正弦的。当电路中存在非线性元件时,即使是正弦激励,电路的响应也是非正弦的。如正弦交流电压经二极管整流以后电路中就得到非正弦电压信号。在自动控制、计算机等技术领域大量应用的脉冲电路中,电压、电流也都是非正弦的。如图 7-2 所示为常见的尖脉冲、矩形脉冲、锯齿波

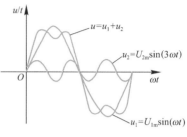

图 7-1 两个不同频率正弦波的叠加

等非正弦周期电信号,这些信号作为激励施加到线性电路上,必将导致电路中产生非正弦的周期电压、电流。

非正弦信号可分为周期性和非周期性的,图 7-2 中的几种非正弦信号都是周期变化的。含有周期性非正弦量的电路,称为非正弦周期电路,简称非正弦电路。本项目仅讨论线性非正弦电路。

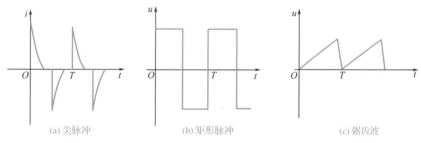

|(a) 尖脉冲|(b) 矩形脉冲|(c) 锯齿波|

图 7-2 几种常见非正弦周期电信号

7.1.2 傅里叶级数

电工技术中所遇到的周期函数一般都可以分解为傅里叶级数。

设周期函数 $f(t)$ 的周期为 T,角频率 $\omega = \dfrac{2\pi}{T}$,则 $f(t)$ 可展开为傅里叶级数

$$f(t) = A_0 + A_{1m}\sin(\omega t + \varphi_1) + A_{2m}\sin(2\omega t + \varphi_2) + \cdots + A_{km}\sin(k\omega t + \varphi_k) + \cdots$$
$$= A_0 + \sum_{k=1}^{\infty} A_{km}\sin(k\omega t + \varphi_k) \tag{7-1}$$

用三角公式展开,式(7-1)又可写为

$$f(t) = a_0 + [a_1\cos(\omega t) + b_1\sin(\omega t)] + [a_2\cos(2\omega t) + b_2\sin(2\omega t)] + \cdots + [a_k\cos(k\omega t) + b_k\sin(k\omega t)] + \cdots$$
$$= a_0 + \sum_{k=1}^{\infty} [a_k\cos(k\omega t) + b_k\sin(k\omega t)] \tag{7-2}$$

式中，a_0、a_k、b_k 为傅里叶系数，可按下面各式求得

$$a_0 = \frac{1}{T}\int_0^T f(t)\mathrm{d}t = \frac{1}{2\pi}\int_0^{2\pi} f(t)\mathrm{d}(\omega t)$$

$$a_k = \frac{2}{T}\int_0^T f(t)\cos(k\omega t)\mathrm{d}t = \frac{1}{\pi}\int_0^{2\pi} f(t)\cos(k\omega t)\mathrm{d}(\omega t) \tag{7-3}$$

$$b_k = \frac{2}{T}\int_0^T f(t)\sin(k\omega t)\mathrm{d}t = \frac{1}{\pi}\int_0^{2\pi} f(t)\sin(k\omega t)\mathrm{d}(\omega t)$$

式(7-1)与式(7-2)各系数之间还有如下关系

$$A_0 = a_0$$

$$A_{km} = \sqrt{{a_k}^2 + {b_k}^2} \tag{7-4}$$

$$\varphi_k = \arctan\left(\frac{a_k}{b_k}\right)$$

可见要将一个周期函数分解为傅里叶级数，实质上就是计算傅里叶系数 a_0、a_k、b_k。

式(7-1)中，第一项是不随时间变化的常数，称为 $f(t)$ 的恒定分量或直流分量；第二项 $A_1\sin(\omega t + \varphi_1)$ 的频率与周期函数 $f(t)$ 的频率相同，称为基波或一次谐波；其余各项的频率为基波频率的整数倍，分别称为二次、三次……k 次谐波，统称为高次谐波。k 为奇数的谐波称为奇次谐波；k 为偶数的谐波称为偶次谐波；恒定分量也可以认为是零次谐波。

例7-1

求如图 7-3 所示矩形波的傅里叶级数。

解 图示周期函数 $f(t)$ 在一个周期内的表达式为

$$f(t) = \begin{cases} U_\mathrm{m}, & 0 \leqslant t \leqslant \dfrac{T}{2} \\ -U_\mathrm{m}, & \dfrac{T}{2} \leqslant t \leqslant T \end{cases}$$

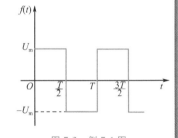

图 7-3 例 7-1 图

根据式(7-3)计算傅里叶系数为

$$a_0 = \frac{1}{2\pi}\int_0^\pi U_\mathrm{m}\mathrm{d}(\omega t) + \frac{1}{2\pi}\int_\pi^{2\pi}(-U_\mathrm{m})\mathrm{d}(\omega t) = 0$$

$$a_k = \frac{1}{\pi}\int_0^\pi U_\mathrm{m}\cos(k\omega t)\mathrm{d}(\omega t) + \frac{1}{\pi}\int_\pi^{2\pi}(-U_\mathrm{m})\cos(k\omega t)\mathrm{d}(\omega t) = 0$$

$$b_k = \frac{1}{\pi}\int_0^\pi U_\mathrm{m}\sin(k\omega t)\mathrm{d}(\omega t) + \frac{1}{\pi}\int_\pi^{2\pi}(-U_\mathrm{m})\sin(k\omega t)\mathrm{d}(\omega t) = \frac{2U_\mathrm{m}}{k\pi}[1 - \cos(k\pi)]$$

当 $k = 1, 3, 5, \cdots, 2n-1$，即奇数时，$\cos(k\pi) = -1$，$b_k = \dfrac{4U_\mathrm{m}}{k\pi}$。

当 $k = 2, 4, 6, \cdots, 2n$，即偶数时，$\cos(k\pi) = 1$，$b_k = 0$，由此可得到该函数的傅里叶级数表达式为

$$f(t) = \frac{4U_\mathrm{m}}{\pi}\left[\sin(\omega t) + \frac{1}{3}\sin(3\omega t) + \frac{1}{5}\sin(5\omega t) + \cdots\right]$$

将周期函数分解为一系列谐波的傅里叶级数,称为谐波分析。工程中,常采用查表的方法得到周期函数的傅里叶级数。电工技术中几种典型周期函数的波形及其傅里叶级数展开式见表 7-1。

表 7-1　　　　　　　　　　几种典型周期函数的波形及其傅里叶级数展开式

名　称	波　形	傅里叶级数展开式	有效值	平均值
正弦波		$f(t)=A_\mathrm{m}\sin(\omega t)$	$\dfrac{A_\mathrm{m}}{\sqrt{2}}$	$\dfrac{2A_\mathrm{m}}{\pi}$
梯形波		$f(t)=\dfrac{4A_\mathrm{m}}{\alpha\pi}\big[\sin\alpha\sin(\omega t)+\dfrac{1}{9}\sin(3\alpha)\sin3(\omega t)+$ $\dfrac{1}{25}\sin(5\alpha)\sin(5\omega t)+\cdots+\dfrac{1}{k^2}\sin(k\alpha)\sin(k\omega t)$ $+\cdots\big]$ $(\alpha=\dfrac{2\pi d}{T};k$ 为奇数$)$	$A_\mathrm{m}\sqrt{1-\dfrac{4\alpha}{3\pi}}$	$A_\mathrm{m}(1-\dfrac{\alpha}{\pi})$
三角波		$f(t)=\dfrac{8A_\mathrm{m}}{\pi^2}\big[\sin(\omega t)-\dfrac{1}{9}\sin(3\omega t)+$ $\dfrac{1}{25}\sin(5\omega t)+\cdots+\dfrac{(-1)^{\frac{k-1}{2}}}{k^2}\sin(k\omega t)+\cdots\big]$ $(k$ 为奇数$)$	$\dfrac{A_\mathrm{m}}{\sqrt{3}}$	$\dfrac{A_\mathrm{m}}{2}$
矩形波		$f(t)=\dfrac{4A_\mathrm{m}}{\pi}\big[\sin(\omega t)+\dfrac{1}{3}\sin(3\omega t)+$ $\dfrac{1}{5}\sin(5\omega t)+\dfrac{1}{k}\sin(k\omega t)+\cdots\big]$ $(k$ 为奇数$)$	A_m	A_m
半波整流波		$f(t)=\dfrac{2A_\mathrm{m}}{\pi}\big[\dfrac{1}{2}+\dfrac{\pi}{4}\cos(\omega t)+\dfrac{1}{1\times3}\cos(2\omega t)-$ $\dfrac{1}{3\times5}\cos(4\omega t)+\dfrac{1}{5\times7}\cos(6\omega t)-\cdots\big]$	$\dfrac{A_\mathrm{m}}{2}$	$\dfrac{A_\mathrm{m}}{\pi}$
全波整流波		$f(t)=\dfrac{4A_\mathrm{m}}{\pi}\big[\dfrac{1}{2}+\dfrac{1}{1\times3}\cos(2\omega t)-$ $\dfrac{1}{3\times5}\cos(4\omega t)+\dfrac{1}{5\times7}\cos(6\omega t)-\cdots\big]$	$\dfrac{A_\mathrm{m}}{\sqrt{2}}$	$\dfrac{2A_\mathrm{m}}{\pi}$
锯齿波		$f(t)=A_\mathrm{m}\big\{\dfrac{1}{2}-\dfrac{1}{\pi}\big[\sin(\omega t)+\dfrac{1}{2}\sin(2\omega t)+$ $\dfrac{1}{3}\sin(3\omega t)+\cdots\big]\big\}$	$\dfrac{A_\mathrm{m}}{\sqrt{3}}$	$\dfrac{A_\mathrm{m}}{2}$

傅里叶级数虽然是一个无穷级数,但在实际应用中,一般根据所需精确度和级数的收敛速度决定所取级数的有限项数。对于收敛级数,谐波次数越高,振幅越小,所以,只需要取级数前几项就可以。

练一练

1. 下列各电流都是非正弦周期电流吗?

$$i_1 = 10\sin(\omega t) + 6\sin(\omega t) \text{ A}, i_2 = 10\sin(\omega t) - \sin(5\omega t) \text{ A}$$

2. 查表分解半波整流电流波,已知半波整流后的电流幅值 $I = 5$ A。

7.2 非正弦周期电路中的有效值、平均值、平均功率

7.2.1 有效值

任何周期性变量的有效值都等于它的均方根值。以电流为例,其有效值为

$$I = \sqrt{\frac{1}{T}\int_0^T i^2 \, dt} \tag{7-5}$$

当 i 的解析式已知时,可直接由式(7-5)计算有效值。若非正弦周期电流 i 已展开为傅里叶级数,即

$$i = I_0 + \sum_{k=1}^{\infty} I_{km}\sin(k\omega t + \varphi_k) \tag{7-6}$$

则将式(7-6)代入有效值定义式中,得

$$I = \sqrt{\frac{1}{T}\int_0^T \left[I_0 + \sum_{k=1}^{\infty} I_{km}\sin(k\omega t + \varphi_k)\right]^2 dt}$$

先将根号内的平方项展开,展开后的各项可分为两种类型。一类是各次谐波的平方,它们的平均值为

$$\frac{1}{T}\int_0^T \left[I_0^2 + \sum_{k=1}^{\infty} I_{km}^2 \sin^2(k\omega t + \varphi_k)\right]dt = I_0^2 + \sum_{k=1}^{\infty} I_k^2$$

另一类是两个不同次谐波乘积的两倍,即根据三角函数的正交性,它们在一个周期内的平均值为零,故

$$I = \sqrt{I_0^2 + I_1^2 + I_2^2 + \cdots} \tag{7-7}$$

式(7-7)表明,非正弦周期电流的有效值是它的各次谐波(包含零次谐波)有效值平方和的平方根。

同理,非正弦周期电压有效值为

$$U = \sqrt{U_0^2 + U_1^2 + U_2^2 + \cdots}$$ (7-8)

在计算有效值时要注意零次谐波的有效值就是恒定分量的值,其他各次谐波有效值与最大值的关系为

$$I_k = \frac{1}{\sqrt{2}} I_{km}, U_k = \frac{1}{\sqrt{2}} U_{km}$$

例7-2

求周期电压 $u(t) = 100 + 70\sin(100\pi t - 70°) - 40\sin(300\pi t + 15°)$ V 的有效值。

解 根据式(7-8),$u(t)$ 的有效值为

$$U = \sqrt{100^2 + \left(\frac{70}{\sqrt{2}}\right)^2 + \left(\frac{40}{\sqrt{2}}\right)^2} \text{ V} = 115.11 \text{ V}$$

7.2.2 平均值

除有效值外,对非正弦周期量有时还用到平均值。为了便于测量与分析(如整流效果),常用周期量的绝对值在一个周期内的平均值来定义周期量的平均值。仍以电流 i 为例,用 I_{av} 表示其平均值,定义为

$$I_{av} = \frac{1}{T} \int_0^T |i(t)| dt$$ (7-9)

式(7-9)有时也称为整流平均值。

对周期量,还用波形因数 K_f 反映其波形的性质。波形因数等于周期量的有效值与平均值的比值,即

$$K_f = \frac{I}{I_{av}}$$ (7-10)

例如,当时 $i = I_m \sin(\omega t)$,其平均值为

$$I_{av} = \frac{1}{2\pi} \int_0^{2\pi} |I_m \sin(\omega t)| d(\omega t) = \frac{I_m}{\pi} \int_0^{\pi} \sin(\omega t) d(\omega t) = \frac{2I_m}{\pi} = 0.637 I_m = 0.898 I$$

或 $I = 1.11 I_{av}$,波形因数 $K_f = 1.11$,即正弦波的有效值是其整流平均值的 1.11 倍。

同样可得

$$U_{av} = \frac{1}{T} \int_0^T |u(t)| dt$$

用不同类型的仪表去测量同一个非正弦周期量,会有不同的结果。例如磁电系仪表指针偏转的角度正比于被测量的直流分量,读数为直流量;电磁系仪表指针偏转的角度正比于

被测量的有效值的平方,读数为有效值;而整流系仪表指针偏转的角度正比于被测量的整流平均值,其标尺是按正弦量与整流平均值的关系换算成有效值刻度的,只在测量正弦量时才得它的有效值,而测量非正弦量时就会有误差。因此,在测量非正弦周期量时要合理选择测量仪表。

例7-3

分别用磁电系电压表、电磁系电压表、全波整流的整流系电压表测量一个半波整流电压,已知其最大值为 100 V,试分别求各电压表的读数。

解 从表 7-1 中查得半波整流电压的有效值和平均值为

$$U = \frac{U_m}{2} = \frac{100 \text{ V}}{2} = 50 \text{ V}$$

$$U_{av} = \frac{U_m}{\pi} = \frac{100 \text{ V}}{\pi} = 31.83 \text{ V}$$

磁电系电压表的读数为 31.83 V,电磁系电压表的读数为 50 V,全波整流的整流系电压表的读数为 31.83 V×1.11=35.33 V。

7.2.3 平均功率

若 $p(t)$ 表示瞬时功率,与正弦量相同,非正弦电流电路的平均功率定义为

$$P = \frac{1}{T} \int_0^T p(t) \mathrm{d}t \tag{7-11}$$

可以证明

$$P = P_0 + \sum_{k=1}^{\infty} U_k I_k \cos \varphi_k = P_0 + P_1 + P_2 + P_3 + \cdots \tag{7-12}$$

非正弦周期性电路中,不同次(包括零次)谐波电压、电流虽然构成瞬时功率,但不构成平均功率。电路的功率等于各次谐波功率(包括直流分量,其功率为 $U_0 I_0$)的和。

非正弦电路的无功功率定义为各次谐波无功功率之和,即

$$Q = \sum_{k=1}^{\infty} U_k I_k \sin \varphi_k$$

非正弦电路的视在功率定义为电压和电流有效值的乘积,即

$$S = UI = \sqrt{U_0^2 + U_1^2 + U_2^2 + \cdots} \times \sqrt{I_0^2 + I_1^2 + I_2^2 + \cdots}$$

显然,视在功率不等于各次谐波视在功率之和。

将有功功率与视在功率之比定义为非正弦电路的功率因数,即

$$\cos \varphi = \frac{P}{UI}$$

式中,φ是一个假相角,它并不表示非正弦电压与电流之间存在相位差。有时为了简化计算,常将非正弦量用一个等效正弦量来代替。这时φ可认为是等效正弦电压与电流间的相位差。这种方法在交流铁芯线圈的分析中采用。

例7-4 ● ● ● ● ● ● ● ● ● ● ● ● ● ● ● ● ● ●

一段电路 $u(t)=10+20\sin(\omega t-30°)+8\sin(3\omega t-30°)$ V,电流 $i(t)=3+6\sin(\omega t+30°)+2\sin(5\omega t)$ A,求该电路的平均功率、无功功率和视在功率。

解 平均功率为

$$P=10\times3+\frac{20}{\sqrt{2}}\times\frac{6}{\sqrt{2}}\times\cos(-60°)\ \text{W}=60\ \text{W}$$

无功功率为

$$Q=\frac{20}{\sqrt{2}}\times\frac{6}{\sqrt{2}}\times\sin(-60°)\ \text{V}\cdot\text{A}=-52\ \text{V}\cdot\text{A}$$

视在功率为

$$S=UI=\sqrt{10^2+\left(\frac{20}{\sqrt{2}}\right)^2+\left(\frac{8}{\sqrt{2}}\right)^2}\ \text{V}\times\sqrt{3^2+\left(\frac{6}{\sqrt{2}}\right)^2+\left(\frac{2}{\sqrt{2}}\right)^2}\ \text{A}=98.1\ \text{V}\cdot\text{A}$$

练一练

1.若非正弦周期电流已分解为傅里叶级数,$i=I_0+I_{1m}\sin(\omega t+\varphi_1)+\cdots$,试判断下面各式的正误。

(1)有效值 $I=I_0+I_1+I_2+I_3+\cdots$

(2)有效值 $\dot{I}=\dot{I}_0+\dot{I}_1+\dot{I}_2+\dot{I}_3+\cdots$

(3)振幅有效值 $I=I_0+I_{1m}+I_{2m}+I_{3m}+\cdots$

(4)$I=\sqrt{\left(\frac{I_0}{\sqrt{2}}\right)^2+\left(\frac{I_{1m}}{\sqrt{2}}\right)^2+\cdots}$

(5)$I=\sqrt{I_0^2+I_1^2+I_2^2+I_3^2+\cdots}$

(6)平均功率 $P=\sqrt{P_0^2+P_1^2+P_2^2+P_3^2+\cdots}$

(7)$P=P_0+P_1+P_2+P_3+\cdots$

2.测量交流信号的有效值、整流平均值、直流分量应分别选用何种类型的仪表?

7.3 非正弦周期电路的计算

非正弦周期电路的分析计算一般采用谐波分析法,其基本依据是线性电路的叠加定理。具体方法简述如下:

(1)将给定的非正弦激励信号分解为傅里叶级数。谐波取到第几项,视计算精度的要求而定。

(2)分别求出电源的恒定分量以及各谐波分量单独作用时的未知电流。

①对恒定分量,可以用直流电路的求解方法。

②对各次谐波分量,电路的计算如同正弦电流电路一样,但必须注意电感和电容对不同频率的谐波有不同的阻抗,即

对于直流分量,电感相当于短路,电容相当于断路。

对于基波,感抗为 $X_{L1}=\omega L$,容抗为 $X_{C1}=\dfrac{1}{\omega C}$。

而对于 k 次谐波,感抗 $X_{Lk}=k\omega L=kX_{L1}$,容抗 $X_{Ck}=\dfrac{1}{k\omega C}=\dfrac{X_{C1}}{k}$。也就是说谐波次数越高,感抗越大,容抗越小。

(3)应用叠加定理,把电路在各次谐波作用下的响应解析式进行叠加。

注意:必须先将各次谐波分量写成相应瞬时值表达式后才可以叠加,而不能把表示不同频率的正弦量直接加减。

例7-5

如图 7-4 所示电路中,已知 $u_S(t)=40\sqrt{2}\sin(\omega t)+20\sqrt{2}\sin(3\omega t-60°)$ V,$\omega L_1=20$ Ω,$\dfrac{1}{\omega C_1}=180$ Ω,$\omega L_2=30$ Ω,$\dfrac{1}{\omega C_2}=30$ Ω,$R=20$ Ω。求:

(1)电压 $u_{AB}(t)$ 有效值。

(2)电压源提供的有功功率。

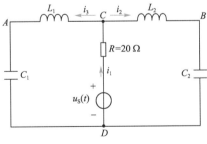

图 7-4 例 7-5 图

解 (1)基波单独作用于电路时,由于 $\omega L_2=\dfrac{1}{\omega C_2}$,$CBD$ 支路发生串联谐振。此时有

$$\dot{I}_{1(1)} = \dot{I}_{2(1)} = \frac{\dot{U}}{R} = \frac{40 \underline{/0^\circ}}{20} = 2 \underline{/0^\circ} \text{ A}$$

$$\dot{I}_{3(1)} = 0$$

$$\dot{U}_{AB(1)} = \dot{U}_{CB(1)} = j\omega L_2 \dot{I}_{2(1)} = 30j \times 2 \underline{/0^\circ} \text{ V} = 60 \underline{/90^\circ} \text{ V}$$

故

$$i_{1(1)} = 2\sqrt{2} \sin(\omega t) \text{ A}$$

$$u_{AB(1)} = 60\sqrt{2} \sin(\omega t + 90^\circ) \text{ V}$$

（2）三次谐波作用于电路时，有

$$3\omega L_1 = 3 \times 20 \ \Omega = 60 \ \Omega$$

$$\frac{1}{3\omega C_1} = \frac{1}{3} \times 180 \ \Omega = 60 \ \Omega$$

因此 CAD 支路在三次谐波作用下发生串联谐振时，有

$$\dot{I}_{1(3)} = \dot{I}_{3(3)} = \frac{20 \underline{/-60^\circ}}{20} = 1 \underline{/-60^\circ} \text{ A}$$

$$\dot{I}_{2(3)} = 0$$

$$\dot{U}_{AB(3)} = \dot{U}_{AC(3)} = -j3\omega L_1 \dot{I}_{3(3)} = -60j \times 1 \underline{/-60^\circ} \text{ V} = 60 \underline{/-150^\circ} \text{ V}$$

故

$$i_{1(3)} = \sqrt{2} \sin(3\omega t - 60^\circ) \text{ A}$$

$$u_{AB(3)} = 60\sqrt{2} \sin(3\omega t - 150^\circ) \text{ V}$$

所以，电压 $u_{AB}(t)$、电流 $i_1(t)$ 的表达式为

$$u_{AB}(t) = u_{AB(1)} + u_{AB(3)} = 60\sqrt{2} \sin(\omega t + 90^\circ) + 60\sqrt{2} \sin(3\omega t - 150^\circ) \text{ V}$$

$$i_1(t) = i_{1(1)} + i_{1(3)} = 2\sqrt{2} \sin(\omega t) + \sqrt{2} \sin(3\omega t - 60^\circ) \text{ A}$$

有效值为

$$U_{AB} = \sqrt{60^2 + 60^2} \text{ V} = 60\sqrt{2} \text{ V}$$

$$I_1 = \sqrt{2^2 + 1^2} \text{ A} = \sqrt{5} \text{ A}$$

电源发出的功率为

$$P = U_{S(1)} I_{1(1)} \cos \varphi_{(1)} + U_{S(3)} I_{1(3)} \cos \varphi_{(3)}$$

$$= 40 \text{ V} \times 2 \text{ A} \times \cos 0^\circ + 20 \text{ V} \times 1 \text{ A} \times \cos 0^\circ = 100 \text{ W}$$

▼ 练一练

1. 感抗 $\omega L = 40 \ \Omega$ 的电感中通过电流 $i(t) = 5\sin(\omega t + 60^\circ) + 5\sin(3\omega t + 30^\circ)$ A 时，其端电压 $u_L(t)$ 为多少？

2. 容抗 $\frac{1}{\omega C} = 10 \ \Omega$ 的电容器端电压 $u(t) = 24\sin(\omega t + 60^\circ) + 6\sin(3\omega t + 70^\circ)$ V 时，流过该电容器的电流 $i_C(t)$ 为多少？总电流的有效值为多大？

7.4 滤波器

滤波器是利用电容和电感的电抗随频率变化的特点而组成的各种不同形式的电路。把这种电路接在电源和负载、电路和电路之间,可以让某些需要的频率分量顺利通过,而抑制某些不需要的频率分量。如图 7-5 所示,由 0.7 kHz 和 1.7 kHz 两个正弦波所合成的信号,经过只允许频率低于 1 kHz 的信号通过的滤波器之后,输出端就只剩下 0.7 kHz 一个正弦波了。

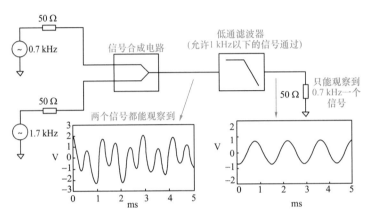

图 7-5　滤波器的作用

滤波器根据功能的不同可分为低通滤波器、高通滤波器、带通滤波器和带阻滤波器等类型。滤波器广泛应用于电子工程、通信工程。下面通过一个具体例子来说明滤波器的工作过程。

例 7-6

如图 7-6(a)所示电路中,电感 $L=5$ H,电容 $C=10$ μF,负载电阻 $R=2$ kΩ,加在电路上的电压波形如图 7-6(b)所示,幅值 $U_m=157$ V,角频率 $\omega=314$ rad/s,求负载电压 $u_R(t)$。

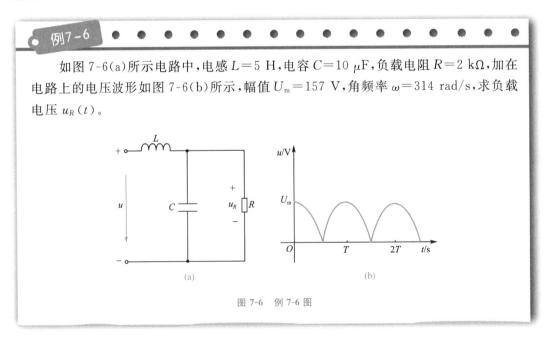

(a)　　　　　　　　(b)

图 7-6　例 7-6 图

解 先查表 7-1，将电源电压 $u(t)$ 分解为傅里叶级数，得

$$u(t) = \frac{4}{\pi} U_m \left[\frac{1}{2} + \frac{1}{3} \cos(2\omega t) - \frac{1}{15} \cos(4\omega t) + \cdots \right]$$

由于级数收敛较快，取前三项即可，将已知数据代入得

$$u(t) = 100 + 66.7 \cos(2\omega t) - 13.33 \cos(4\omega t) \text{ V}$$

在直流分量作用下，电感相当于短路，电容相当于开路，故负载两端电压的直流分量为

$$U_{R(0)} = U_{(0)} = 100 \text{ V}$$

二次谐波作用时，有

$$Z_{11(2)} = \frac{R\left(\dfrac{-j}{2\omega C}\right)}{R - \dfrac{j}{2\omega C}} = 158.5 \underline{/-85.5^\circ} \ \Omega$$

$$Z_{(2)} = 2\omega L j + Z_{11(2)} = 2\,983 \underline{/89.9^\circ} \ \Omega$$

$$\dot{U}_{R(2)} = \frac{Z_{11(2)}}{Z_{(2)}} \cdot \dot{U}_{(2)} = \frac{158.5 \underline{/-85.5^\circ}}{2\,983 \underline{/89.9^\circ}} \times \frac{66.7}{\sqrt{2}} \underline{/90^\circ} \text{ V} = \frac{3.53}{\sqrt{2}} \underline{/-85.4^\circ} \text{ V}$$

四次谐波作用时，有

$$Z_{11(4)} = 79.5 \underline{/-87.7^\circ} \ \Omega$$

$$Z_{(4)} = 6\,200 \underline{/89.9^\circ} \ \Omega$$

$$\dot{U}_{R(4)} = \frac{0.171}{\sqrt{2}} \underline{/92.4^\circ} \text{ V}$$

因此负载端电压为

$$u_R(t) = \left[100 + 3.53 \sin(2\omega t - 85.4^\circ) + 0.171 \sin(4\omega t + 92.4^\circ) \right] \text{ V}$$

从上述电路计算结果可见，负载端电压四次谐波分量很小，仅为直流分量的 0.17%，几乎可以略去不计；二次谐波分量也只有直流分量的 3.53%。$u(t)$ 经过该电路以后，高频分量得到抑制，获得较平稳的输出电压 $u_R(t)$。所以如图 7-6(a) 所示电路中，电感 L 与电容 C 构成了低通滤波器。图中串联电感抑制了高频分量的通过，而并联的电容则对高频分量起了旁路的作用。

如图 7-6(a) 所示电路是一种较为简单的低通滤波器。有时为了得到更好的滤波效果，常采用 T 型低通滤波器和 Π 型低通滤波器。如图 7-7(a) 所示为 T 型低通滤波器，首先由 L_1、C 将输入信号的高频分量滤波一次，然后由 L_2 对已滤掉大部分高频分量的信号再次滤波，从而使 C、D 端的输出信号中，高频分量大为削弱。同理可以分析如图 7-7(b) 所示的 Π 型低通型滤波器。

如图 7-8(a)、图 7-8(b) 所示为抑制低频信号通过、允许高频信号通过的高通滤波器。

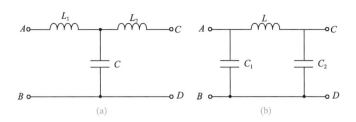

图 7-7　低通滤波器

它的功能与低通滤波器恰好相反,其原理可与低通滤波器做类似分析。

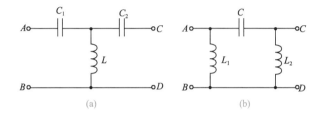

图 7-8　高通滤波器

　　带通滤波器是让某一频率范围内的谐波分量通过,而阻止其他谐波分量通过的滤波器。如图 7-9 所示为常见的带通滤波器,它由一级低通滤波器与一级高通滤波器级联组成。

　　如图 7-10 所示为带阻滤波器。它与带通滤波器相反,除阻止某一频率范围内的谐波分量通过外,其余谐波分量都容易通过。

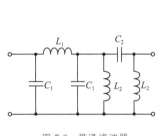

图 7-9　带通滤波器

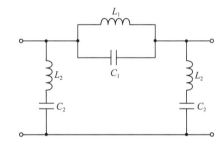

图 7-10　带阻滤波器

　　实际滤波器的电路原理及结构比较复杂,此处不再详述,在有关课程中有专门论述。

练一练

　　在低通滤波器中电容对高次谐波起到了旁路的作用,电感元件在什么情况下也有旁路的作用?

项目实施

【实施器材】

计算机、Multisim 软件。

哲思课堂 12

【实施步骤】

(1)学习项目要求的相关知识。

(2)应用仿真软件将不同频率的正弦信号叠加成非正弦周期性信号。

(3)应用仿真软件测量非正弦周期电路的有效值、平均值、平均功率。

(4)应用仿真软件构建 T 型和 Π 型低通滤波电路,比较滤波效果。

【实训报告】

实训报告内容包括实施目标、实施器材、实施步骤、测量数据及波形,以及总结体会。

知识归纳

(1)不按正弦规律周期性变化的电流、电压、电动势为非正弦交流电。

(2)非正弦周期电流产生的原因很多,通常有以下三种情况。

①采用非正弦交流电源。

②同电路中有不同频率的电源共同作用。

③电路中存在非线性元件。

(3)一个非正弦周期函数可分解为直流分量、基波及各次谐波之和,即

$$f(t) = A_0 + \sum_{k=1}^{\infty} A_{km} \sin(k\omega t + \varphi_k)$$

或

$$f(t) = a_0 + \sum_{k=1}^{\infty} \left[a_k \cos(k\omega t) + b_k \sin(k\omega t) \right]$$

(4)非正弦周期量的有效值等于它的各次谐波(包括直流分量,其有效值为 I_0)有效值的平方和的平方根,与各次谐波的初相有关,它小于各次谐波有效值的和。

$$I = \sqrt{I_0{}^2 + I_1{}^2 + I_2{}^2 + \cdots}$$

$$U = \sqrt{U_0{}^2 + U_1{}^2 + U_2{}^2 + \cdots}$$

(5)非正弦周期性电路中,电路的功率等于各次谐波功率(包括直流分量,其功率为 $U_0 I_0$)的和,即

$$P = P_0 + \sum_{k=1}^{\infty} U_k I_k \cos \varphi_k = P_0 + P_1 + P_2 + \cdots$$

(6)谐波分析法:

①将给定的非正弦激励信号分解为傅里叶级数。谐波取到第几项,视计算精度的要求而定。

②分别求出电源的恒定分量以及各谐波分量单独作用时的未知电流。

③应用叠加定理,把电路在各次谐波作用下的响应解析式进行叠加。

巩固练习

7-1 一个 $R = 10 \ \Omega$ 的电阻元件,分别通过表 7-1 中三角波、锯齿波、半波整流波、全波整流波电流,这些电流的振幅 I_m 均为 3 A。试分别求该电阻元件的功率。

7-2 如图 7-11 所示波形,电流通过一个 $R = 20 \ \Omega$,$\omega L = 30 \ \Omega$ 的串联电路。求电路的平均功率、无功功率、视在功率。

7-3 RLC 串联电路外加电压 $u(t)=10+80\sin(\omega t+60°)+18\sin(3\omega t)$ V，$R=6$ Ω，$\omega L=2$ Ω，$\dfrac{1}{\omega C}=18$ Ω。求：

(1)电路中的电流 $i(t)$ 及有效值 I。

(2)电源输出的平均功率。

7-4 如图 7-12 所示电路中，$i_S(t)=2+10\sin(\omega t)+3\sin(2\omega t)$ A，其中 $\omega=10^5$ rad/s。求电流 $i_R(t)$、电压 $u_C(t)$ 表达式及其有效值。

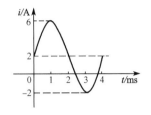

图 7-11 巩固练习 7-2 图

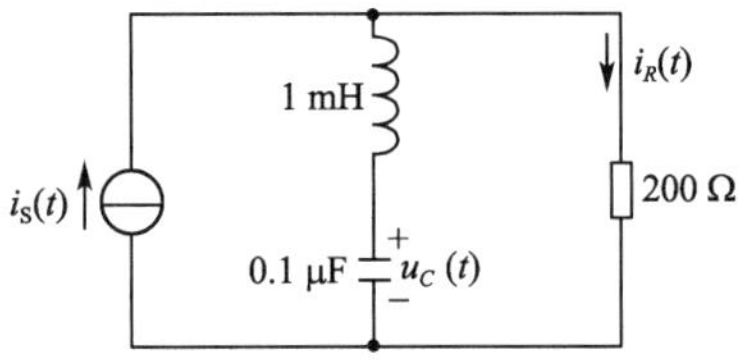

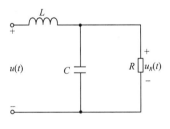

图 7-12 巩固练习 7-4 图

7-5 已知 RLC 串联电路的端口电压、电流为

$$u(t)=100\sin(100\pi t)+50\sin(3\times100\pi t-30°)\ \text{V}$$
$$i(t)=10\sin(100\pi t)+1.755\sin(3\times100\pi t+\psi)\ \text{A}$$

求：

(1)电路的 R、L、C。

(2)ψ。

(3)电路的功率。

7-6 如图 7-13 所示电路，已知 $R=100$ Ω，$L=2$ mH，$C=20$ μF，$u_R(t)=50+10\sin(\omega t)$ V，其中 $\omega=10^3$ rad/s。求：

(1)电源电压 $u(t)$ 及其有效值。

(2)电源输出的功率。

图 7-13 巩固练习 7-6 图

项目 8
室内照明电路的安装

照明电路关系到千家万户,安装照明电路时,应综合考虑安全、经济、整齐和使用方便等多方面因素。照明电路的安装工作包括器材的选择,配线,进户管的安装,以及单相电能表、总开关、用户保险盒和各类灯具控制电路的安装。

项目要求

熟悉照明电路的组成部分;掌握照明电路安装的技术要求和步骤;通过实际操作,提高安装技术。

项目目标

(1)了解室内布线的明敷设和暗敷设的规格标准。
(2)理解进户线的具体连接和作用。
(3)掌握室内照明线路的安装技巧。
(4)掌握电度表的安装及使用事项。

哲思课堂 13

相关知识

8.1 照明电路的组成

照明电路的组成包括电源的引入口、总保险盒、单相电能表、用户闸刀、用户保险丝、电源插座、灯头、开关、灯具和各类电线及配件辅料。如图 8-1 所示为进户线路,如图 8-2 所示为室内电源布线。

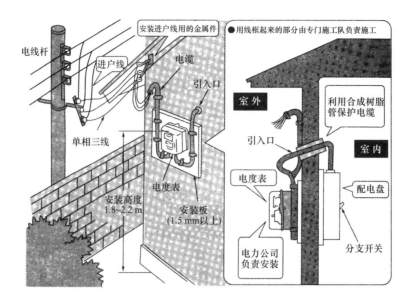

图 8-1 进户线路

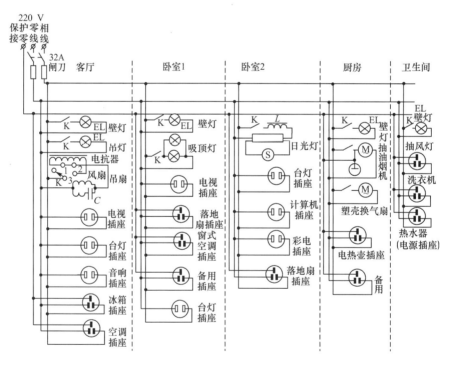

图 8-2 室内电源布线

8.2 照明电路安装的要求和步骤

8.2.1 技术要求

照明电路安装总的要求是安全、经济、整齐、美观和实用。具体技术要求如下：

（1）电线、熔丝及各种电器、开关、电表的选择均应符合技术参数的规格要求。

（2）室内水平明线敷设距地面不得低于 2 m。

（3）电线过墙进户要用陶瓷管或塑料管保护，陶瓷管或塑料管的两端出线口伸出墙面不小于 10 mm。

（4）电线穿过楼板时，在楼上离地 1.3 m 部分的电线应套加钢管保护，钢管的管口应装上木圈或橡皮圈。

（5）电线的连接应严格按照接线方法要求进行，并确保质量。

照明电路安装的技术要求如图 8-3 所示。

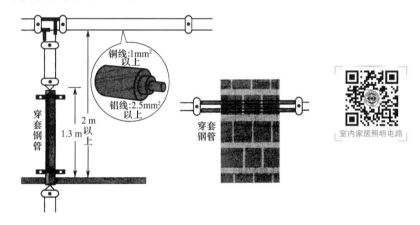

图 8-3　照明电路安装的技术要求

8.2.2 安装步骤

（1）标划电线、用电器和电气装置的安装位置。

（2）在标划位置处打凿木枕孔或膨胀螺丝孔，并塞入木枕或膨胀螺栓套。

（3）装上电线的支持物，如瓷夹、木槽板或铝轧片。

（4）敷设电线。

（5）安装用电器或电气装置。

（6）检查电路。

（7）接上电源。

（8）检查电路，排除故障。

8.3 室内照明电路安装的要求

8.3.1 导线的选择

导线尺寸一般用毫米(mm)来表示单线直径,用平方毫米(mm²)来表示绞合线的标称截面积。这里所说的标称截面积就是以 mm² 作为导线的单位,不同规格间隔最优的一系列导线的截面积。

室内(家庭)照明用导线一般根据导线所允许长时间通过的最大电流(该截面的安全载流量)来选择。计算方法是先求出负载的实际电流,再按此电流值查出安全载流量表,即可得出导线截面积。

单相负载的计算电流为

$$I = (1.1 \sim 1.5)\frac{P(\text{W})}{220(\text{V})} \text{ A}$$

表 8-1、表 8-2 分别列出了 BV、BX 绝缘电线明敷及穿管持续载流量。

表 8-1   BV 绝缘电线明敷及穿管持续载流量

环境温度/℃	30	35	40	30				35			
导线数/根	1	1	1	2~4	5~8	9~12	>12	2~4	5~8	9~12	>12
标称截面积/mm²	明敷载流量/A			导线穿管载流量/A							
1.5	24	22	20	13	9	8	7	12	9	7	6
2.5	31	28	26	17	13	11	10	16	12	10	9
4	41	38	35	23	17	14	13	21	16	13	12
6	53	49	45	29	22	18	16	28	21	17	15
10	73	68	62	43	62	27	24	40	40	25	22
16	98	90	83	58	44	36	33	53	55	33	30
25	130	120	110	80	60	50	45	73	68	46	40
35	165	153	140	99	74	62	56	91	84	57	51

表 8-2   BX 绝缘电线明敷及穿管持续载流量

环境温度/℃	30	35	40	30				35			
导线数/根	1	1	1	2~4	5~8	9~12	>12	2~4	5~8	9~12	>12
标称截面积/mm²	明敷载流量/A			导线穿管载流量/A							
1.5	23	22	20	13	9	8	7	12	9	7	6
2.5	31	29	27	17	13	11	10	16	12	10	9
4	41	39	36	24	18	15	13	22	17	14	12
6	53	50	46	31	23	19	17	29	21	18	16
10	74	69	64	44	33	28	25	41	31	26	23
16	99	93	86	60	45	38	34	57	42	35	32
25	132	124	115	83	62	52	47	77	57	48	43
35	161	151	140	103	77	64	58	96	72	60	54

8.3.2 室内专用电路的设置

1. 配电盘

配电盘指安装分支开关的盘或者收拢这些装置的用阻燃性材料制成的盒子。在家中的厨房等处经常可以见到。如图 8-4 所示，从电力公司的低压配电线引入的电线，经过电度表到达配电盘，然后由配电盘分配家中电器所使用。

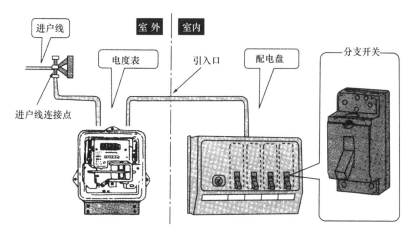

图 8-4　配电盘

2. 分支开关

　　分支开关指安装于配电盘中的安全用的断路器。如果线路中发生异常，引起电流过大，分支开关就会自动断开保护电路，直到排除故障后合上开关才能通电，如图 8-5 所示。

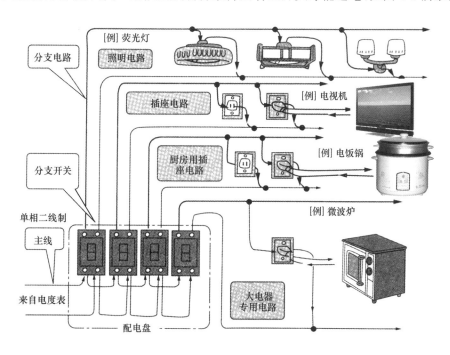

图 8-5　分支开关

8.3.3　日光灯的原理与安装

　　日光灯大量用于家庭以及公共场所的照明，具有发光效率高、寿命长等优点。如图 8-6

所示为直管日光灯的结构。

日光灯的电路原理如图 8-7 所示。当接通电源后,电压被加在启辉器的双金属片和静触头之间,从而引起辉光放电。放电时产生的热量传送到双金属片上,把双金属片加热至 800～1 000 ℃。双金属片因过热膨胀而与静触点接触闭合,使电路接通。电流流过灯丝,并被加热到很高的温度(900 ℃)而发射电子,使灯丝附近的氩气游离,汞被汽化。双金属片与静触头接触后,辉光放电停止,双金属片冷却,离开静触头恢复原状。在触头断开的瞬间,在镇流器的两端会产生一个很高的感应电动势。感应电动势加在灯管两端,使大量电子从灯管中流过。电子在运动中冲击管内的气体,发出紫外线。紫外线激发灯管内壁的荧光粉,于是发出类似自然光的可见光。如图 8-8 所示为日光灯的常见线路,如图 8-9 所示为日光灯的安装。

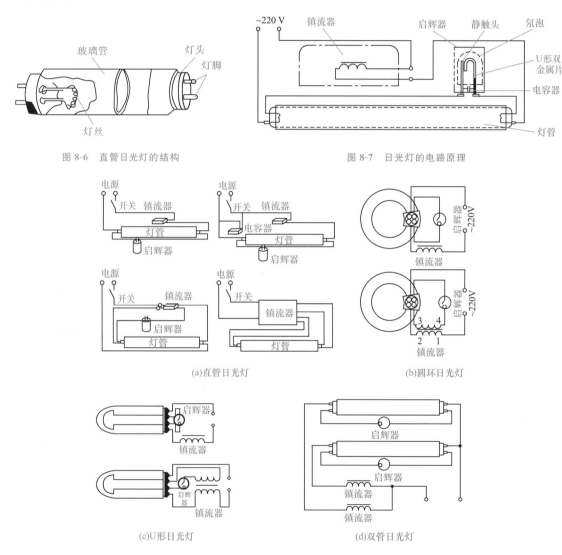

图 8-6　直管日光灯的结构　　　　　　　　图 8-7　日光灯的电路原理

(a)直管日光灯　　　　　　　　(b)圆环日光灯

(c)U形日光灯　　　　　　　　(d)双管日光灯

图 8-8　日光灯的常见线路

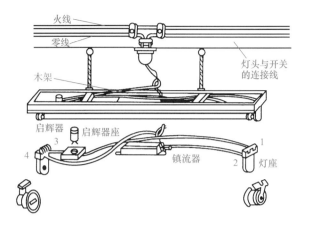

图 8-9　日光灯的安装

1～4—灯座接线柱

目前,许多日光灯的镇流器已采用电子镇流器。它具有节电、启动电压宽、启动时间短、无噪声、无频闪等优点。

8.3.4　电源插座的选择与安装

电源插座是各种可移动电器的电源接口。常用的电源插座有单相两孔、单相三孔和三相四孔等几种形式。其外形如图 8-10 所示。

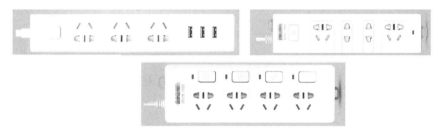

图 8-10　电源插座的外形

电源插座的安装与接线如图 8-11 所示。

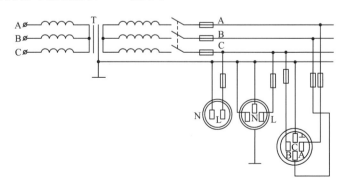

图 8-11　电源插座的安装与接线

电源插座的安装、选用时应注意以下事项：

(1)插头、插座的额定电流要大于所接的用电器的额定电流,额定电压与用电器标称值应相同。

(2)插座应安在绝缘板上。二孔插座的插孔水平并列安装在建筑物的平面上;三孔插座的接地孔应装在上方,且需要与接地线连接,不可借用零线线头为接地线。

(3)火线要接在规定的接线柱上(标有"L"字母)。220 V 电源进线接在插座上一般为"左零,右火"。

(4)功率较大(10 A 以上)的电器一般选用三孔插座。

8.3.5　电能表的选择与安装

1. 单相电能表的选择

选择单相电能表时,要注意额定电压和额定电流的选择。应使用户的负载电流在单相电能表额定电流的 20%～120%。单相 220 V 照明负载电路按 5 A/kW 来估算用户负载电流为宜,一般情况下可参考表 8-3 来选择。单相电能表的额定电压应与负载的额定电压相符。

表 8-3　　　　　　　　　　　　单相电能表的选择

220 V 照明用电/kW	0.6 以下	0.6～1.0	1.0～2.0	2.0～3.0	3.0～4.0	4.0～6.0	6.0～10.0
单相电能表容量/A	3	5	10	15	20	30	50

2. 单相电能表的安装与接线

安装单相电能表的步骤如下:打墙眼,装塑料榫;装木板,装木螺钉;装电能表、闸刀开关、熔断器;接线,接电源;接负载。如图 8-12 所示为单相电能表的安装与接线。

单相电能表接线时,必须使电流线圈与负载串联接入端线(相线)中,电压线圈和负载并联。单相电能表共有四个接线端,从左到右编号分别为 1、2、3、4。接线时,一般而言,1、3 端接电源(1 接相线,3 接中线),2、4 端接负载(2 端接负载侧相线)。

3. 注意事项

(1)为确保单相电能表的精度,安装时单相电能表的位置必须与地面保持垂直,表箱的下沿离地高度应为 1.7～2.0 m,暗式表箱下沿离地 1.5 m 左右。

(2)闸刀开关安装时切不可倒装或横装。

(3)配电板要用穿墙螺栓或膨胀螺栓固定,也可用木螺钉来固定。

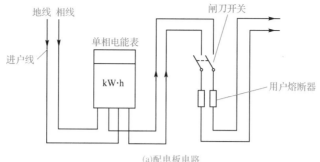

(a)配电板电路

(b) 塞直塑料榫

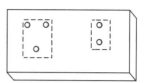

(c) 装上木板

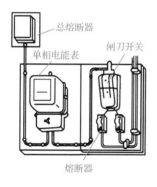

(d)配电板

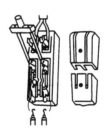

(e)单相闸刀开关

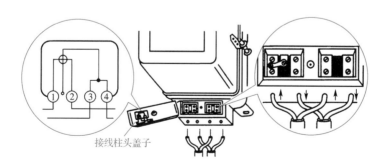

(f)单相电能表的接线

图 8-12　单相电能表的安装与接线

8.4　技能训练

 技能训练 1

查阅相关资料,看懂图 8-13 及表 8-4 的内容。

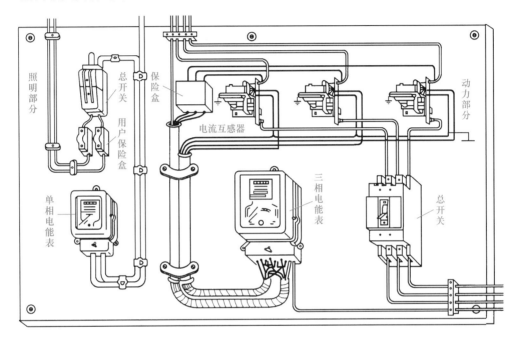

图 8-13　大功率配电板安装图

表 8-4　　　　　　　　　　大功率配电板元件清单和安装步骤

器　材	规　格	数　量		安装步骤
线路安装板	900 mm×600 mm×60 mm	1 块	1	定位、画线、打墙眼
单相电能表	220 V　10 A	1 只	2	装膨胀螺栓
三相电能表	380 V　10 A	1 只	2	装膨胀螺栓
单相闸刀开关	250 V　10 A	1 个	3	安装线路安装板
三相空气开关	500 V　30 A	1 个	4	安装单相电能表
电流互感器	5 A	3 个	5	安装单相闸刀
螺口灯座		3 个	6	安装三相保险盒
螺口灯泡	220 V　100 W	3 只	6	安装三相保险盒
铜塑硬线	BVR　1.5 mm²	5 m	7	安装电流互感器
木螺钉	φ4 mm×40 mm	7 枚	8	安装三相电能表
木螺钉	φ3.5 mm×25 mm	8 枚	8	安装三相电能表
膨胀螺栓	φ8 mm	7 只	9	安装空气开关
熔断器	RCI　10 A	2 副	10	安装圆木及灯座
三相熔断器盒	RCI　10 A	1 副	11	接线
圆木		3 只	11	接线
绝缘胶带		1 卷	12	将每根钢管下端与电能表之间的电线包缠绝缘带

技能训练 2

根据如图 8-14 所示电气原理图及表 8-5 元件清单,安装电气电路。

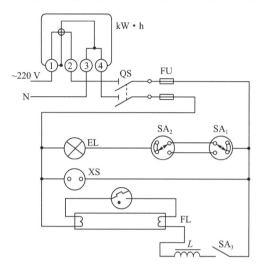

图 8-14　电气原理图

表 8-5　　　　　　　　　　　　　　　　元件清单

仪表、器材	规　格	数　量
线路安装板	900 mm×600 mm×60 mm	1 块
单相电能表	220 V　10 A	1 只
带保险单相闸刀开关	250 V　10 A	1 个
双联开关		2 只
日光灯组件	220 V　20 W	1 套
插口平灯座		1 只
插口灯泡	220 V　40 W	1 只
挂线盒		1 只
二芯塑料护套线	BVVB　1 mm²	2.5 m
三芯塑料护套线	BVVB　1 mm²	1.5 m
木螺钉	φ3.5 mm×25 mm	8 枚
膨胀螺栓	φ8 mm	7 只
塑料铜芯线	BVR　1.5 mm²	
圆木		6 只
绝缘胶带		少许

技能训练 3

某户有空调(1 kW)1 台、电冰箱(150 W)1 台、彩色电视机(80 W)1 台及常用照明安装电能表,试分析应如何选用包括进户线在内的全部导线(本例有多种方案可选择,但需要说明选择的理由)。

技能训练 4

为了更好地推广我国光伏发电技术的应用,2012 年 10 月 26 日,国家电网发布了《关于做好分布式光伏发电并网服务工作的意见》,鼓励分布式光伏发电分散接入低压配电网。如图 8-15 所示为住宅小区太阳能并网光伏发电系统,分析该系统的构成和作用。

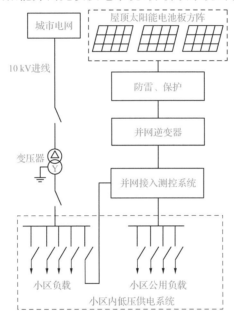

图 8-15 住宅小区太阳能并网光伏发电系统

项目实施

【实施器材】

(1)各种电线、保险盒、闸刀、单相电表、用户保险盒、电灯头、开关、插座、熔丝。

(2)试电笔、电工工具套、电工刀、旋凿(起子)、钢丝钳、活动扳手、榔头、钢锯、手钻。

【实施步骤】

采用课余自学、查资料、分组讨论,课堂上听教师讲授的方式,学习项目要求的相关知识。

技能训练 1:识图训练,看懂电气安装图及原件清单的内容。

技能训练 2：根据电气原理图及元件清单，安装电气电路。

技能训练 3：导线选择的训练。

【实训报告】

实训报告内容包括实施目标、实施器材、实施步骤、实施效果及总结体会。

知识归纳

（1）照明电路的组成包括电源的引入口、总保险盒、单相电能表、用户闸刀、用户保险丝、电源插座、灯头、开关、灯具和各类电线及配件辅料。

（2）照明电路安装要求是安全、经济、整齐、美观和实用。安装时应严格遵守技术要求。

（3）室内照明电路安装时，导线、配电盘、分支开关、日光灯、电源插座、电能表等的选择、设置与安装步骤应遵守规定。

巩固练习

8-1　简述家庭照明电路的组成。

8-2　简述照明电路的安装步骤。

8-3　某户厨房有电冰箱（180 W）1 台、微波炉（700 W）1 台、电磁炉（2 100 W）1 台、烤箱（1 600 W）1 台及常用照明安装电能表，试分析如何选用导线。

参考文献

[1] 丁学恭,楼晓春.电工基础[M].北京:北京理工大学出版社,2007.

[2] 童星,郑火胜.电工电子技术基础[M].北京:人民邮电出版社,2008.

[3] 陈菊红.电工基础[M].4版.北京:机械工业出版社,2016.

[4] 邱关源.电路[M].5版.北京:高等教育出版社,2006.

[5] 周孔章.电路原理[M].北京:高等教育出版社,1983.

[6] 张红让.电工基础[M].北京:高等教育出版社,1996.

[7] 肖辉进.电工技术[M].北京:人民邮电出版社,2009.

[8] 王冠华.Multisim 10电路设计及应用[M].北京:国防工业出版社,2008.

[9] 王云泉,郑庆利.电工基础例题与习题[M].上海:华东理工大学出版社,2006.

[10] 邱关源.电路[M].5版.北京:高等教育出版社,2006.

[11] 夏承栓.电路分析[M].武汉:武汉理工大学出版社,2006.

[12] 范世贵,傅高明.电路 导教导学导考[M].4版.西安:西北工业大学出版社,2004.

[13] 韩玉德,安维复.试论詹姆斯·瓦特的工匠精神[J].自然辩证法研究,2021,37(01):34-39.

[14] 鞠燕.疫情背景下电工电子技术课程思政教育的探索[J].化学工程与装备,2021(11):308-310.

[15] 丁杰,唐玉兔,尹亮.电路分析课程的教学改革[J].办公自动化,2021,26(21):37-39.

[16] 高洁."新工科"建设中的课程思政改革——南通理工学院"电路基础"课程思政建设[J].科技与创新,2021(20):156-157.

[17] 牧遥.点亮白山黑水——东北电网的百年发展之路[J].当代电力文化,2021(10):102-103.